小さい
建設会社
でもできる

日本一ハードルの低い

公共工事の始め方

THE EASIEST WAY TO START
PUBLIC WORKS IN JAPAN

223社の相談実績を持つ
中小建設業の"公共工事専門"
コンサルタント

水嶋 拓

エベレスト出版

これほど成果が出るとは驚きました。

●会社P（塗装・和歌山県）
売上3億円、公共工事経験ゼロ。
●法人設立して7年。関西圏では個人マーケットではまずます。
将来を考えると個人マーケットのみでは大きな成長は厳しい。

【公共工事経験】ゼロ
↓
【3ケ月で】初めての入札で落札成功

●会社M（塗装・大阪府）
売上2億円、利益ゼロ。
●20年も会社をやってきたが儲からない。会社をたたもうかどうしようか。
公共工事も年1件落札できるかどうか。

【落札件数】年0～1件

↓

【1年で】年15件落札

●会社T（管・茨城県）

売上1億円、法人化してからずっと赤字。

●利益の薄い下請け工事で7000万円のとりっぱぐれ発生、倒産寸前。

公共工事で倒産の危機を脱却し、経営を安定させたい。

【純資産】▲3000万円（債務超過）

↓

【3年で】8000万円（特定建設取得）

●会社Ａ（土木・宮城県）
売上４億円。
●小さい工事は細かくて儲けが薄い。
どうにか大きな工事を受注して売上利益を大きくしたい。

【売上】 4億円
↓
【3年で】13億円（さらに3年後、25億円）

●会社G（建築・千葉県）
売上3億円、2期連続赤字。
●戸建ての販売を始めるも赤字続き。
公共工事で会社を立て直したい。

【純利益】赤字（2年連続）
↓
【3年で】2億円の黒字（単年）

はじめに

あなたの会社の売上を、こっそりと私に教えてください。

数千万円、数億円、それとも10億円以上でしょうか？

もし10億円以上だとしたら、この本はあなたにとって読むに足らない本かもしれません。

しかしながら、もしあなたの会社の売上がまだ10億円に満たないのであれば本書はこれ以上ない一冊となるはずです。

なぜなら、本書は最短最速で売上10億円を「公共工事単独」で目指すための一冊だからです。

考えてみてください。

公共工事で10億円以上の売上がたったら、どれだけの利益が得られるでしょうか。

答えは、２億円です。

税金を半分払ったとしても、毎年１億円以上が残ることになります。

この話を聞いて
「そんなうまくいくはずがいない！」

と思うのは当然です。

しかし、疑問に思いながらも

「もしかすると本当かもしれない」

と信じることができた社長は皆、1、2年後に同じ衝撃を受けることになります。

「公共工事って、こんなに稼げたんだぁぁぁぁぁぁ！」と。

そしてある一定以上の実績ができると、あなたの会社は一生安泰です。

なぜなら公共工事は実績があるほど落札しやすい仕組みになっているからです。

実績ができてしまえば、毎年毎年、何もしなくても安定的に仕事が舞い込んでくるようになります。

日本がどれだけ不況になろうとも、公共工事がなくなることはありません。

さらには公共工事以外の仕事も銀行や関連会社が紹介してくれるようになります。

こんなに稼ぎやすい事業が、他にあるでしょうか？

公共工事はそんな魔法のような事業なのです。

公共工事で稼ぐために必要な「あるもの」を販売

私が公共工事のコンサルタントとなったのは、２０１１年のことでした。当時の私は、公共工事を行う建設会社に対して、業績アップにつながる「あるもの」を売っていました。その「あるもの」を使うと、公共工事の売上はドンドンあがります。

この魔法のような「あるもの」は、公共工事ですでに稼いでいる会社にとっては常識となっているものです。国が作った制度に沿ったものですから、違法でも何でもありません。だから私は公共工事で稼いでいる会社にアポを取っては訪問し､営業をして「あるもの」を売りさばいていきました。

ところが私が売りに行かずとも、すでに自らの手で「あるもの」を買い集めている社長が多かったのです。

「あぁ、もう足りているから大丈夫だよ」

と断られる中で、たまにいる

「ちょうどよかった、ほしかったんだよ」

という顧客を見つけないと売上は立たなかったのです。

そこで私は、公共工事ですでに稼いでいる会社だけでなく、まだそこまで稼げていない建設会社に対しても営業範囲を広げることにしました。

しかし、公共工事で稼げていない会社は、その「あるもの」を得ることで稼げるということを知りません。

「これを使えば、稼げますよ！」

と伝えてもピンと来ないのです。

そこで私は、「あるもの」を販売するだけでなく、「あるもの」を使えば公共工事で稼げるということを伝えるようになったのです。

すると、公共工事で稼げていない会社には、稼げていない理由がほかにもたくさんあることがわかったのです。公共工事で何億、何十億と稼いでいる会社に出入りしていた私にとっては、何が稼げない原因なのか、いくつか質問に答えていただくだけでわかりました。

ほかにもコンサルティングに必要となる知識や考え方は、すでに公共工事で稼ぎまくっている建設会社に出入りすることで手に入れました。

こうして200社以上の会社をコンサルティングする中で、どんな工事業種や事業規模の会社であっても公共工事に参入し、最短最速で成長できる方法を手に入れることができました。

未来永劫使える、公共工事で稼ぎ続けるための原理原則

公共工事に関する情報が世の中に出回っていないことに気づいたわたしは、この方法を伝えるために夢中になりました。

２０１８年にはじめての書籍を出版し、本書は2冊目の出版となります。

前著はすでに公共工事に参入している会社の経営者に対しての一冊であったため、未参入の会社にとっては難しい部分が多かったかもしれません。

本書はこれから公共工事に新規参入しようとしている会社の経営者に対して書いたものであり、専門知識がまったくなくても読めるように工夫しています。

公共工事に関する**手続き**の本は数多くありますが、新規参入から年間売上10億円以上になるまでの**成長段階**について書かれた本は本書以外にありません。

しかもこの方法は、時代や技術が変わっても、決して廃れることがないものです。

原理原則を押さえているからこそ、わたしのコンサルティングを受けている建設会社は公共工事での業績アップのみならず、他の建設事業においても業績アップを果たしているのです。

公共工事を正しく学ぶと、公共工事を受注できるようになるばかりでなく、経営者としての能力も急速に向上し始めます。

公共工事を落札することで、まず会社の資金繰りが楽になります。

資金繰りが楽になると、２カ月先、３カ月先、そして1年先、２年先と長期的な目線で計画が立てられるようになります。

安定的に落札できるようになることで余剰資金ができ、計画通りに実行に移すことが労せず行えるようになってくるのです。

計画通りに実行し、成果を出してきたということが、あなたの会社の信用力を高めるとともに、あなたを自信に満ち溢れた経営者へと変貌させるのです。

この段階になると、経営者自らが銀行や下請会社の社長などと付き合うことで、自社と他社でＷｉｎＷｉｎの関係性を作り出すことができるようになってきます。

このように、公共工事とは落札による業績アップの効果はもちろんのこと、会社全体や経営者自身への影響も計り知れないものがあるのです。

最短最速で売上10億円の事業をつくるチャンス

「たかが公共工事で、うちの会社が変わるはずがない」

と、あなたは疑うかもしれないが、証拠があります。それが私のこれまでの経験をすべてまとめた本書です。

あなたも本心では、薄々感づいているのではないでしょうか。公共工事こそが、あなたとあなたの会社を救う救世主であるということを。この文章をあなたがまだ読み続けているということは、あなたが公共工事の持つ可能性を信じ始めているからではないでしょうか。

ここではっきりと伝えておきましょう。すでにあなたは、公共工事の魅力に取りつかれています。

「公共工事なんてやりたくない！」

と思っていたとしても、もはや手遅れの状態です。公共工事の無限の可能性を感じてしまった以上、選択肢は2つしかありません。

それは「公共工事にいやいや参入する」

もしくは「公共工事にやる気を持って参入する」のいずれかです。

どうせやるならば、やる気を持って本格参入してほしいと思います。

そうすれば、最短最速で売上10億円を達成することができるはずです。

そのために私はこの本を書き上げました。もしやる気がないのであれば、この本を今すぐ閉じてゴミ箱の中に捨てることをお勧めします。人生のなかで最も大きな後悔は、「やらなかった後悔」です。公共工事は、始めるのが早ければ早いほど、成長も早くすることができます。

「なぜあのときチャレンジしなかったのだろうか」

あなたが後悔したくないのならば、本書を第1章から順番に最後まで読むことをおすすめします。そうして本を読み終わったとき、あなたはいてもたってもいられずに、公共工事への本格参入に向けた行動を開始することでしょう。

この本に書かれていることは、今は大げさに聞こえるかもしれません。

しかし、これから2、3年経ったとき……未来のあなたは、気づくに違いありません。

この本に書かれていることは本当であったということを。

自分の持つ力を信じ、自らの会社に魔法をかけたいあなたに本書を捧げます。

水嶋　拓

目次

第2章 公共工事で成長する10のルール

第3章　最短最速で売上10億円を実現する5つのステージ

第5章 コンサルティングを受けた社長のインタビュー集

第6章 はじめての公共工事Q＆A

第1章
何のために独立したのかを思い出せ

「稼ぎたい」という創業当初の野心を忘れていないか

あなたは、もっと稼ぎたいですか？　経営者ならば、この答えは「イエス」か「はい」しかありません。

独立し数年たち、会社がある程度軌道に乗ると、経営者はよく次のような言葉を口にするようになります。

「社員に高い給料を払える会社になりたい」
「職人をきちんと評価する会社にしたい」
「建設業界を盛り上げたい」

たしかにこのようなことも大切です。**ですが「もっと稼ぎたい」という野心を忘れてしまってはいないでしょうか。**

一定の収入が得られるようになったことで、あなたが創業当初に持っていた気持ちを忘れてしまってはいないでしょうか。

あなたも元々は、誰かの元で従業員として働いていたはずです。従業員を続けるという道もあった中、リスクを取って独立したわけです。葛藤もあったことでしょう。

そんな中で独立を決断したということは、大きな野心があったはずです。社員や下請のため、取引先のため、建設業界のためといった聞こえのいいことではない、自分本位の理由があったはずです。勤めていれば毎月もらえる給料を捨ててまで独立したわけですから、お金のことを考えなかった訳がありません。

「もっと稼いでやろう」

「自由に使える時間とお金を手にしたい」

といった経済的な成功を描いて独立したのではないでしょうか。

そうであるならば、

「大きな家に住みたい」

「別荘がほしい」

「いい車に乗りたい」

といった**個人的な欲望に忠実になっていいのです。**

「同業他社から一目置かれたい」

「周りから尊敬されたい」

といった地位や名声への個人的な欲求はあって当然です。

「どこまで自分の力が通用するか、試してみたい」

「まだ経験したことのないステージを見てみたい」

といった成長の欲求もあるはずです。もっと会社をデカくして、もっと個人的な欲求を叶えていく。リスクのある独立をしたのだからこそ、大きな成功を求めて当然です。「公共工事への新規参入」は、大きな成功が手に入るものです。

わたしがなぜ新規参入を勧めているかと言うと、経営者ご自身の野心を実現してほしいと思っているからです。独立したのですから、小さくまとまってほしくないのです。建設業においては「公共工事」なくして大きな成功はありません。あなたも建設会社の社長であれば、公共工事への参入を一度や二度は考えたことがあるでしょう。公共工事に参入すれば、売上を右肩上がりにできます。しかも、億単位での成長です。

もし公共工事なしに2億、3億といった売上を手にしているのであれば、公共工事を行うことで売上を5倍、10倍にすることが可能です。まだ売上が1億に満たない会社だったとしても、公共工事に参入し1億を突破し、2億、3億といった会社と数年で肩を並べることができます。もちろん、あなたが自由に使えるお金も右肩上がりで上がっていきます。自由に使えるお金が1億円あったら、何に使いますか?「こんなことをやってみたい」と思ったことは、すべて実行すると決める。**経営者なのですから、人生を自ら描いていくわがままさをもっと持ちましょう。**一度きりの人生です。独立当初に持っていた野生のライオンのような貪欲な気持ちを思い出し、アグレッシブに生きていくのです。

「売上10億」は最終目標ではなく通過点とせよ

売上が2～3億円の社長さんは、将来の目標として「10億円」と口にする方が多いように感じています。

財団法人建設業情報管理センターが平成29年に行った調査によると、10億円以上の売上高の企業は約5万社中、10％以下の4546社でした。会社の経営者なら、上位1割の売上10億円を目指したいと思うことでしょう。

ですが、そのための戦略を描くことができなければ絵に描いた餅です。

わたしが「10億円が目標」と言う経営者の方に

「実際にどうやって10億円を作っていくのか、戦略はお持ちですか？」

と質問すると途端に困った表情になります。

そして、こう続けるのです。

「その答えが公共工事だと思って、相談に来ました」

わたしのクライアントには、売上10億クラスの企業がいくつもありますし、売上が25億を超え、今も成長を続けている会社もあります。売上が10億を超えてくると、地域にもよりますが、市区町村でスリートップに入る会社になります。

このクラスになると、公共工事が受注しやすくなるのはもちろんのこと、公共工事に限らず、様々なところから仕事が舞い込んでくるようになります。

つまり、売上が10億クラスになってくると、自然と数億の仕事が入ってくるような流れができていき、さらなる成長へとつながっていくのです。

「会社をデカくして自分の力を示したい」と思うのでしたら、売上2、3億では満足しないでください。

売上10億までくれば、「町の建設屋さん」から、「いっぱしの経営者」として見られるようになります。そこからが、真の経営者としてのステージです。

独立したからには、まずは10億。そして当然、その先も目指していきましょう。

10億円への恐れの感情は公共工事で払拭せよ

「売上10億円なんて、いまの何倍忙しくなるんだろう」

このように感じる方もいるかもしれません。

それはあなたの会社が下請けの仕事や個人相手の仕事をやっているからでしょう。下請けの仕事や個人相手の仕事のままで売上10億円となると、社員は今に比べて大幅に増やすことになります。

しかし公共工事ならば、売上10億円で社員10人の会社もあるくらいです。社員数だけでなく、銀行からの借り入れを考えても公共工事はいいことずくめです。下請や個人相手の仕事では、売上が上がるとともに銀行からの借り入れも増やさなければいけません。大きな工事になれば工期が長くなる分、銀行から借り入れする額が大きくならざるを得ません。

ところが公共工事では、対策を取れば無借金も可能です。

なぜなら公共工事は4割の前払い金がもらえるからです。

前払い金に加えて、さらに2割の中間前払い金が受けられるケースも多くあります。資金繰りが大きく改善し、銀行からの借り入れゼロ、すなわち無借金経営を行っている私のクライアントも多くいます。

公共工事は税金で賄われていますから、とりっぱぐれもありません。利益率も20%は見込めます。**いまのあなたが抱えている経営課題が、公共工事によって次々と解決できるのです。**

公共工事にチャレンジすることで経営課題が増えるのではありません。今持っているあなたの悩みの種がなくなるのです。

10億円のために行動をスタートするにあたり、躊躇するような感情が出てきたとしたら、本書をこのまま読み進めてください。公共工事を通じてあなたの会社が、急成長を遂げる元請会社に変わることができるということがわかるでしょう。

公共工事にチャレンジすることで、10億円への恐れの感情を払拭しましょう。

「売上10億」をいちはやく達成するには、公共工事しかない

1年で1000万、2000万という売上アップなら、公共工事以外でも可能かもしれません。しかし億単位での継続的な売上アップとなると、答えは公共工事しかありません。

公共工事は実績を積めば積むほど、工事の単価を上げていくことができます。塗装やび土工といった工事単価が低くなりがちな専門工事で登録し、公共工事をスタートしたとしても単価アップは可能です。

途中で一式工事へと登録を増やせば、工事単価を一気に上げることができるのです。

売上10億円を達成するには、1件で億を超える工事をやるのが早いに決まっています。

わたしのクライアント企業の多くは、売上は2～3億程度の会社でした。中には、1億未満という会社も少なくありません。**そのような会社が、野心を持って公共工事に取り組むことで、売上を1億単位で上げていくことが可能となります。**

公共工事の利益率は、20％は見込めますから、売上1億あたり2000万円が利益になります。

売上10億で純利益2億円です。あなたが公共工事への取り組みを行い、それによって2億円の利益を出し続けるのです。2億のうちの1億をあなたが自由に使っても、誰も文句はないでしょう。

「自由に使える1億円」は、公共工事だけでも十分に手に入ります。今の売上の柱となっている下請けの仕事や個人相手の仕事をやめる必要はありません。公共工事と合わせて10億円を目指せばいいのです。

公共工事の新規参入は「BCGバランス」で考えろ

公共工事を始めるにあたって、今の売上を支えている個人相手の仕事や下請の仕事は辞める必要はありません。むしろ続けてください。イメージとしては、売上の柱を1本増やすということです。このとき、売上の柱を「B」「C」「G」の3つで分類することをおすすめします。**売上をこれら3つに分類した図を、BCGバランスと呼んでいます。（図1）**

1つ目の「B」とは、元請会社から間接的に請け負う下請仕事の総称です。これはB to B（ビジネス・トゥ・ビジネス）に分類される売上です。企業からの依頼であっても、個人からの依頼であっても、あるいは行政からの依頼であっても、間に他社を挟んでいる下請の立場なら「B」となります。「うちも公共工事やっているよ」と言いながら、下請けとして行っている場合は「B」に該当します。

2つ目の「C」とは、民間からの直接請負の仕事です。B to C（ビジネス・トゥ・コンシューマ）に分類される個人宅からの直接請負の仕事がこちらに該当します。一般的に企業からの直接請負の仕事はB to Bに分類されますが、わたしはB to Cに分類しています。理由は、下請と元請で明確に線引きをするためです。

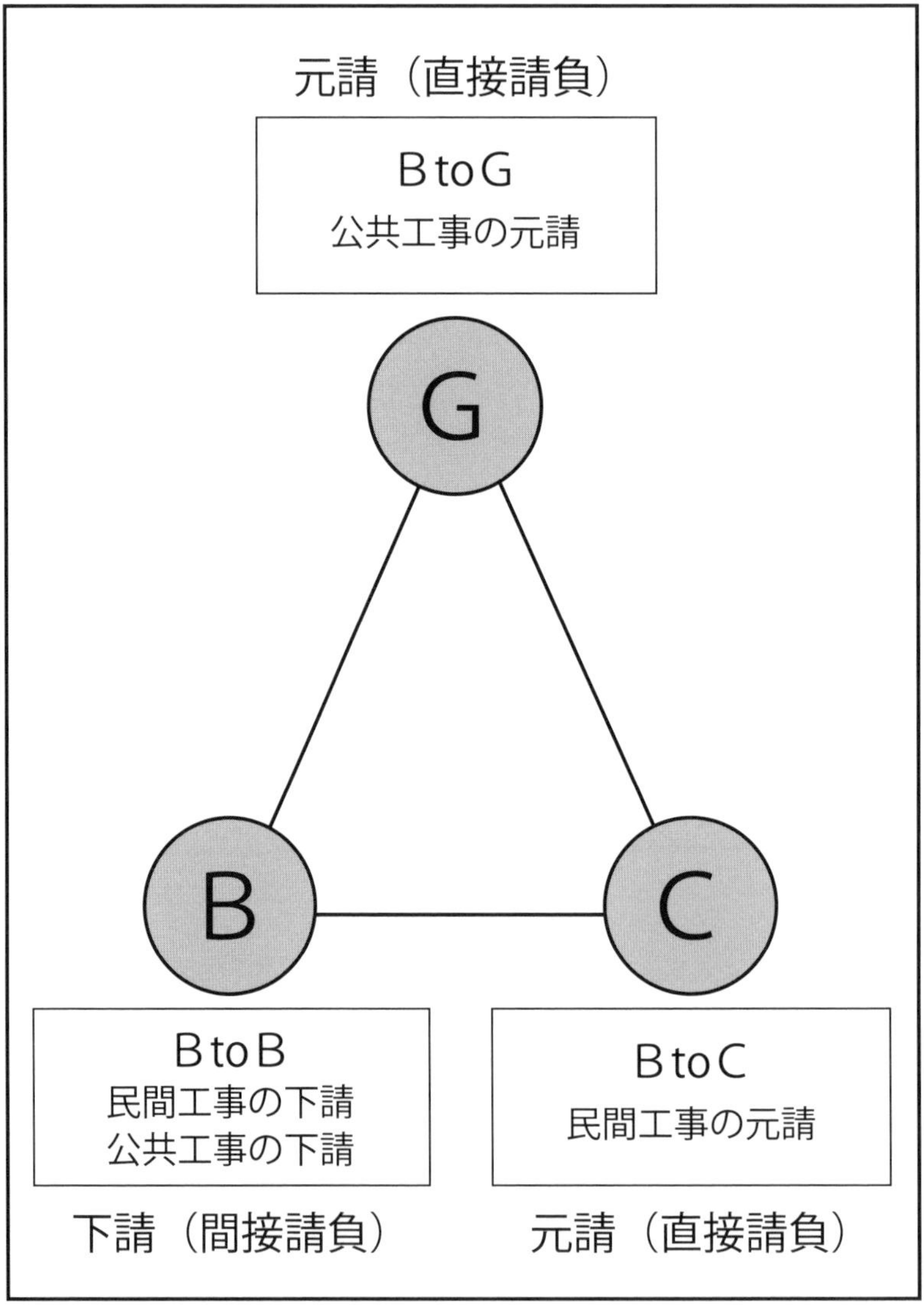
元請（直接請負）
B to G
公共工事の元請
G
B
C
B to B
民間工事の下請
公共工事の下請
下請（間接請負）
B to C
民間工事の元請
元請（直接請負）

図１：ＢＣＧバランス

３つ目の「G」が、元請の公共工事です。B to G（ビジネス・トゥ・ガバメント）に分類される行政からの仕事、すなわち公共工事です。「B」は下請け、「C」と「G」は元請であると覚えてください。**自社の売上を「B」「C」「G」で見ることで、あなたの会社の「成長戦略」が描きやすくなります。**

今、あなたの会社の売上は、「B」「C」「G」のうちどれが中心でしょうか。

Bが中心の場合と、Cが中心の場合、それぞれの会社が公共工事に参入した際に、どのように成長していけるかという成長モデルをお伝えします。

まずは「B」が中心の会社の成長モデルからお見せします。

そののち、「C」が中心の会社の成長モデルを見ていきましょう。

《BtoB》Bの下請仕事が中心の経営者が知っておくべきこと

御社の売上が、下請が中心、BCGバランスの「B」が中心だとします。

公共工事に参入することで、1年目から1億を超える売上になる場合もありますが、多くの場合は5000万円程度です。

このようなお話をすると、

「5000万の売上のために、面倒なことは始めたくないな」

と思うかもしれません。

しかし図2で示すように、2年後には2億円、さらに2年後には5億円と、急成長が可能なのが公共工事です。

下請のBの売上は、右肩上がりだとしてもせいぜい直線的な成長でしょう。景気の影響で下がることもしばしばです。

公共工事の場合は、参入して1～2年は直線的な成長となりますが、**あるステージに到達すると、その会社の1年の売上を超えるような額の受注を、1件の落札で狙うことができます。**これが公共工事の醍醐味です。

わたしのクライアントの経営者も、ここで一気にテンションが上がります。

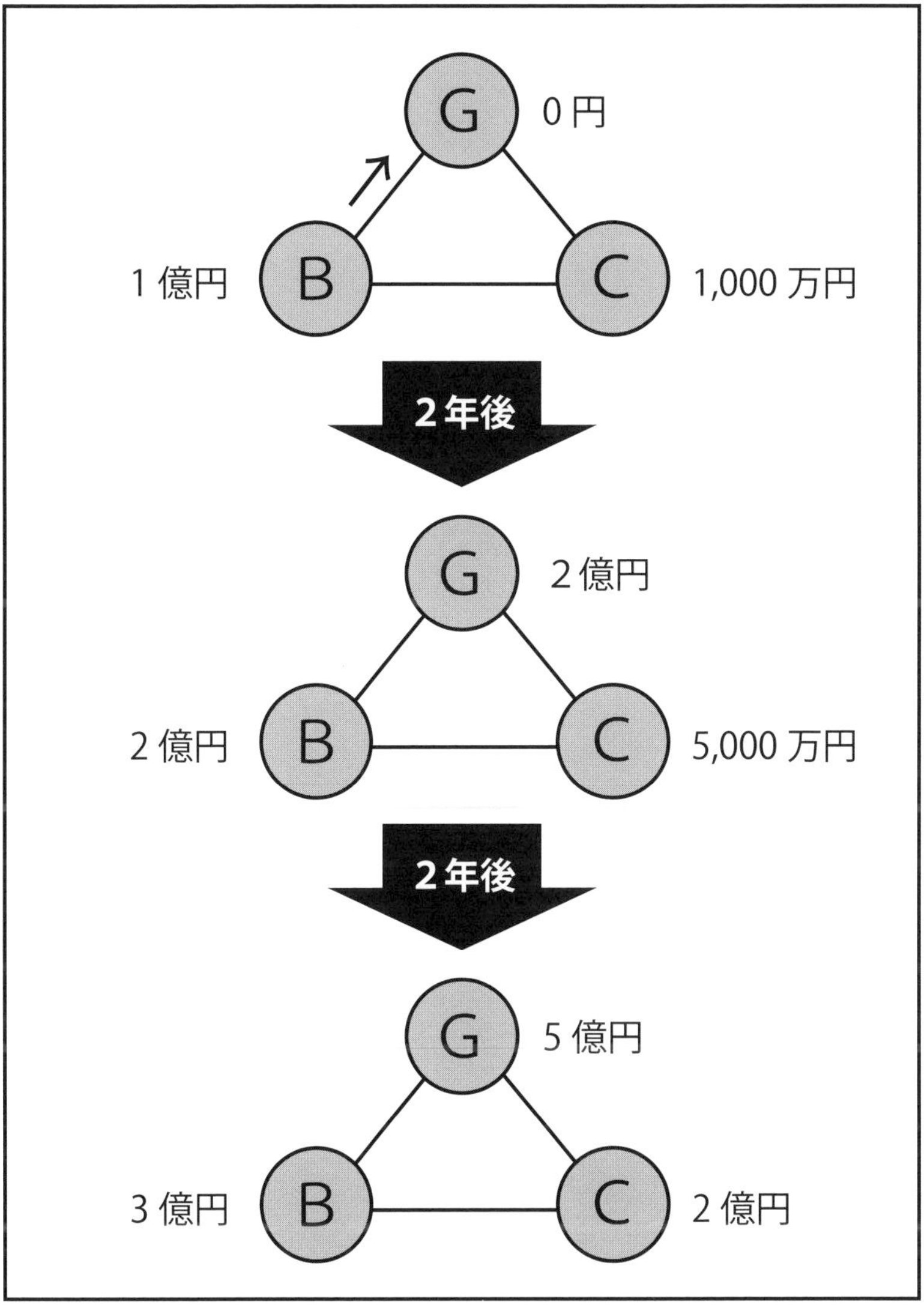

図2：B中心の会社がGに取り組んだ場合の成長モデル

図2でご説明しますと、Gの公共工事が0円から2億円になるまでは直線的な成長ですが、次の2年後に5億円と急成長しているのは、1件2～3億円の高単価な工事を入札していき、落札することができるためです。

このように**公共工事は上向きの曲線的な急成長が可能**なため、

「あの会社、勢いがあるね」

と周りから見られるようになり、銀行や下請会社などとの関係性がガラっと変わるのです。早ければ2年で、このような急成長を遂げる会社もあります。

このような急成長が可能だということを知らないと、

「1年に1件でも受注できたらいいか」

というように目標設定が低くなってしまい、結果として一向に会社が成長していかないということになってしまいます。

一方で私のクライアントは、BCGバランスを元にした公共工事の成長戦略を知ることで、目標をもっと高く設定し、本気になって取り組んでいくのです。

公共工事は、あなたの想像以上に価値があるものなのです。

《BtoB》「餌付けされた飼い猫」になっていないか

下請仕事「B」が中心の会社の経営者から「公共工事に興味がある」とご相談を受け、経営者の方とお話をしているといつも感じることがあります。それは、下請の仕事で成り立っている建設会社は、まるで餌付けされた飼い猫の状態だということです。

公共工事に参入するための第一条件である「野心」が感じられないのです。

公共工事をはじめようとしているのに、

「ある程度仕事がもらえれば」

「うちは食べていけさえすればいい」

などと言うのです。

なぜ野心を失ってしまうのでしょうか。それは下請の仕事を長年続けていくことで「仕事はもらうもの」という受け身の姿勢が染みついてしまったからでしょう。

野生のライオンのように、「自分で仕事を取りに行く」という意識を持つことができないのは、いたしかたないと言えます。

そのため、業歴が長くなればなるほど、「自分の会社は、あの会社の下の立場」という「下の意識」が無意識的にあなたの野心を消していってしまうのです。このような受け身の姿勢を、私は「下請根性」と呼び、経営者にとって捨てていくべきものだとお伝えしています。**餌付けされた状態が続くと、自ら餌を求めて狩りに行くことを忘れてしまいます。**

まるで飼い主にエサをねだる飼い猫のように、「仕事は与えられるもの」と考えるようになってしまうのです。

下請けの仕事をやればやるほど、経営者はどんどんおとなしくなり、結果的に夢を忘れ、売上を5倍、10倍にしようという創業当時の野心を忘れてしまうのです。

あなたは飼い猫ではありません。

経営者として独立したわけですから、本来の姿は野生のライオンのはずです。

公共工事は、あなたを野生のライオンに戻してくれます。

自らの力で、会社をコントロールし、自分の人生をつくり上げていくことができるようになります。

下請根性をこれ以上放置していてはいけません。

公共工事を通じて下請根性を払拭し、大きな野心を実現する経営者になりましょう。

《BtoB》下請中心の会社は「下剋上精神」を持ちなさい

下請で仕事をしていると、仕様変更により無料で追加工事をさせられたり、雨天による工期の遅れから人員増加をさせられたりと、納得ができないような不本意なことが起きがちです。

そのたびに「うちは下請だから仕方がない」とすんなり受け入れるようになってしまっては、もはや奴隷状態です。

下請の仕事をしていたとしても、奴隷になってはいけません。言うことを聞かなければならないとしても、決して心までは売り渡してはいけないのです。

もし理不尽なことがあったら、

「いつか、見ていろよ」

という下剋上精神に変えていってほしいのです。

下剋上精神は、公共工事を行う上でプラスに働きます。

「私たちに仕事をくれる会社のお陰でご飯が食べられている」

という受け身の姿勢、すなわち下請根性が染みついていくのを防いでくれます。

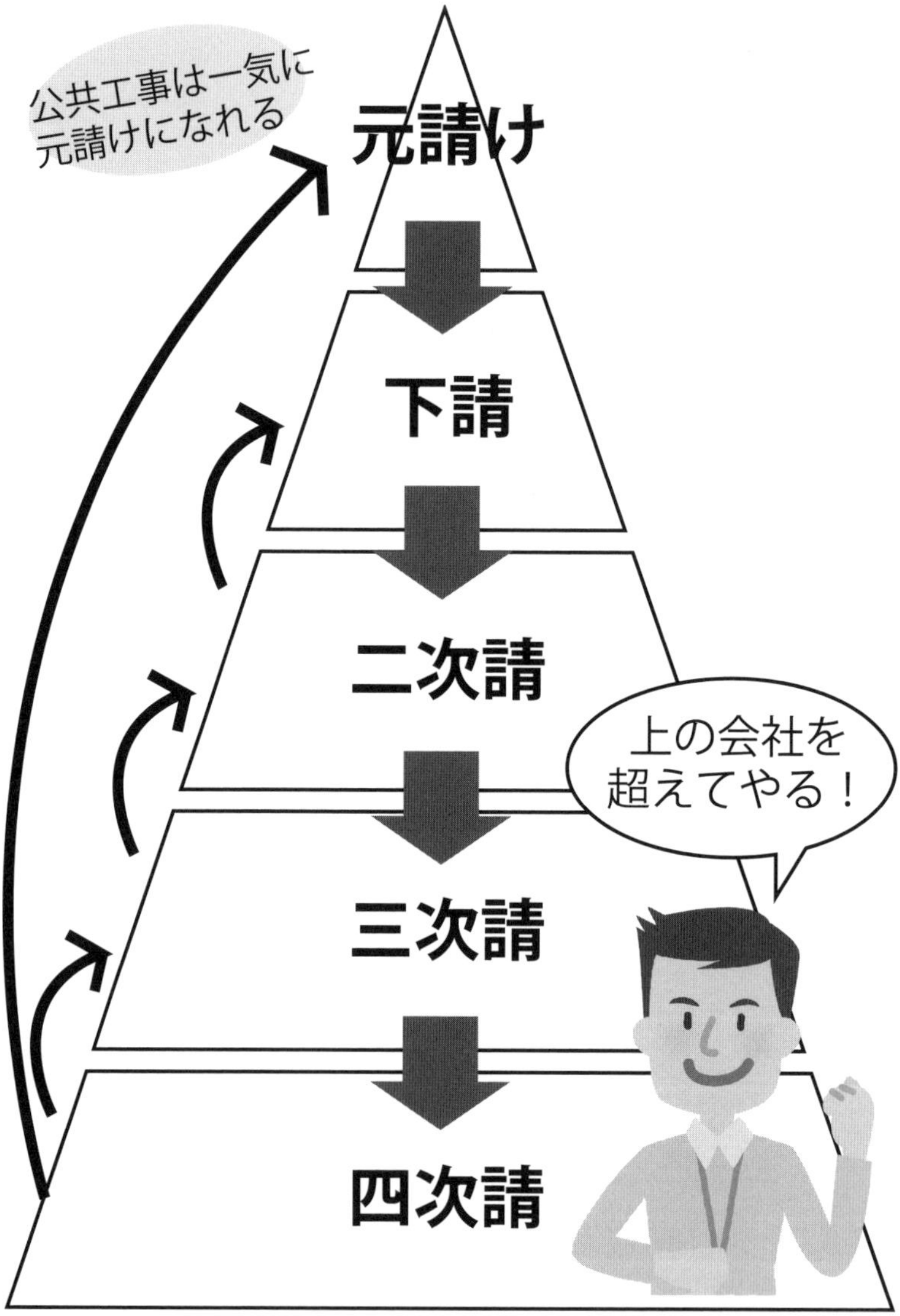

図３：下請けでも１つ上のポジションを目指せ

下請根性を払拭すると言っても、下請の仕事を辞めて元請一本に絞れといっているわけではありません。下請の仕事においても、上を目指していこうということです。

「もっと上のポジションを取ってやるぞ！」

と口に出さないまでも、心の中では思っていてほしいのです。

そしてそれを可能にするのが公共工事です。公共工事を通じて様々な工事を行う実績ができてきますし、売上も上がり利益もしっかり残せるようになります。

わたしのクライアントの中には、債務超過の状態から公共工事でV字回復し、特定建設業許可を取得した会社がいくつもあります。特定建設業許可を取ることで公共工事はもちろんのこと、下請け重層構造の中においても大きな仕事を受けるように変わっていくことができます。

あなたの会社に仕事を出している会社から見ても、今よりも大きな仕事を出せる会社だということが一目瞭然になるわけですから、当然のことです。**それまで3次請けだった会社が2次請けに、2次請けだった会社が1次請けにとステップアップしていくことも可能です。**

このように、下請の仕事を続けるにしても、公共工事を通じて会社としての立場を強くすることで、あなたの会社のポジションは上へ上へと上がっていくことができるのです。

《BtoB》「下請け重層構造」では上に行くほど稼ぎやすくなる

「下請けでも、がんばって元請け会社以上に稼げばいいじゃないか」

長年、下請会社を経営してきた年配の方が言いました。

わたしがあまりにも下請としての受け身の姿勢を持ってしまっていることを否定するので、反論したわけです。年配の方は、息子さんに社長の座を譲ったので、今は経営者ではありません。

社長になった息子さんが私のコンサルティングを受け、

「公共工事に新規参入する」

と言いだしたので、心配になってついてきたのでしょう。

人は誰しも、変化を恐れます。いままでやったことのないことを始めるのは、怖いのです。

わたしはその会社に、下請けの仕事を辞めろとは一言も言っていません。大切な売上の柱なわけですから、下請けの仕事は続けるべきです。

ただ、公共工事に新規参入することで「元請の仕事」を取るとともに、下請け重層構造においては「3次下請」から「2次下請」「1次下請」と上を目指していきましょう、というお話をしました。

そこでその元社長である年配の方が

「下請け会社だって稼ごうと思えば稼げるじゃないか」

とおっしゃったわけです。

残念ながら、下請け重層構造においては、下の会社が上の会社以上に稼げるようにはなりません。上の会社とはあなたが3次下請であれば2次下請の会社、あなたが2次下請であれば1次下請の会社のことを指します。

いい仕事をすることで、以前より多くの仕事を任してもらえるようにはなるかもしれません。また、取引会社を増やして、売上を伸ばしていくことができるかもしれません。

しかし、根本的な問題として「立場」が違うのです。

上の会社は、1億の仕事を受けたら、利益を抜いたうえで、下の会社に振っているわけです。下の会社は、利益が抜かれた受注金額の中でやりくりし、利益を残さなければなりません。

元請け会社と下請け会社、どちらの方が利益を残しやすいかは明白ではありませんか。仕事を出す元請会社の方が力関係として上ですから、利益を出しやすいのも当然元請会社になるわけです。

上の会社は、下請け会社を自由に選ぶ権利があります。

上の会社の担当者を飲みに誘い、いくらおごってあげていたとしても、それはあくまでその担当者との関係性です。

関係性がいくら深くなったとしても、上の会社の利益を減らしてまで下請け会社の利益を増やすということにはなりません。

しかも上の会社の方針が変われば担当者は従わざるを得ませんし、その担当者が異動になれば関係性はまたゼロからやり直しです。

つまり下の会社の方が上の会社に比べて利益率が低いという事実は、下請け重層構造において上のポジションに上がらない限りはどうしようもないのです。

会社の経営者として会社を大きくしていくことを選んだのでしたら、1つでも上のポジションを目指し続けるべきなのです。

《BtoC》Cの直接請負中心の経営者が知っておくべきこと

前項まで、BtoBが中心の場合をお伝えしました。

本項からは、民間からの直接請負であるBtoCが中心の場合をお伝えします。

BtoCが中心の会社は、先ほどのBtoBの成長モデルよりもさらに成長スピードが速くなることが見込まれます（図4）。その理由は3つあります。

1つ目の理由は「下請け根性」がないことです。あなたはすでに「仕事を自ら獲得する」という経験を積んでいるので、公共工事に適した考え方をすでに持っていると言えます。

2つ目の理由としては、直接請負の仕事をやればやるほど、公共工事において単価の高い仕事を獲得しやすくなるという公共工事独自の仕組みがあります。

この仕組みがあることで、BtoCを行っている会社は公共工事において下請仕事の会社より成長しやすいのですが、この事実を知らない社長さんがほとんどです。

3つ目の理由として、公共工事の実績ができることで、Cの民間からの直接請負の仕事における「営業」も行いやすくなります。

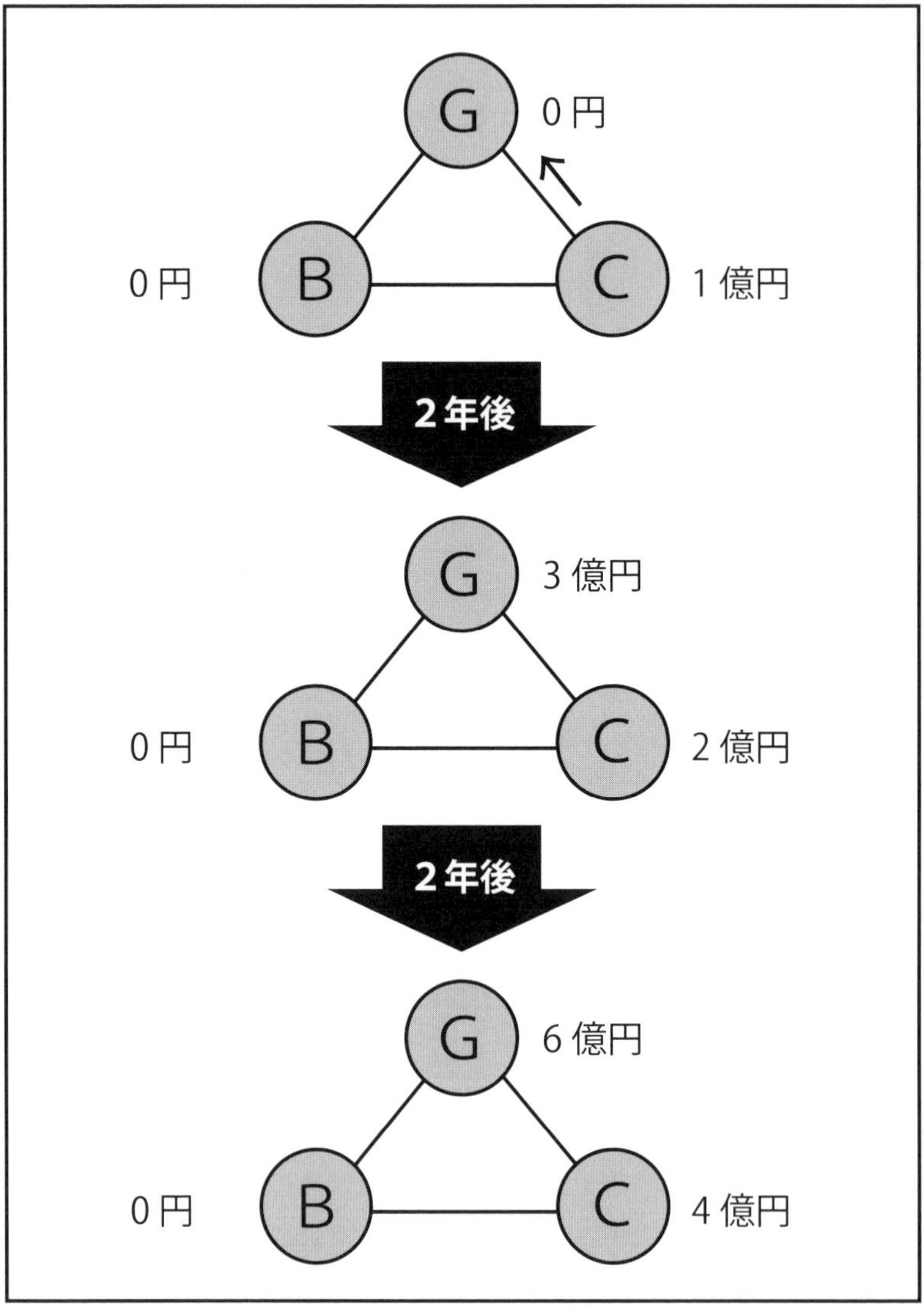

図4

たとえば、あなたの会社が町の公園や公民館などの工事を行ったとしましょう。ちょっとした小さな工事でも構いません。

「あそこの公園は、うちが工事させていただきました」

この一言が言えるだけで、得られる信用は圧倒的に変わります。個人宅のお客様や企業の担当者も安心して発注したくなるでしょう。

営業の中で、競合他社と相見積もりになった際にも有利です。通常であれば金額面での争いとなるわけですが、あなたの会社が公共工事によって信用を勝ち得ていれば、高い金額で受注できるようになります。

実際にわたしのクライアントであった事例ですが、大きな会社から相見積をお願いされ、公共工事と同程度の利益率をしっかりと乗せて見積もりをだしたところ、相談が来たというのです。

「実は他社の方が安い見積もりだった。御社は実績があり信頼できるので頼みたい。もう少しだけ勉強できないか」

このように担当者から直接電話で相談され、結果的に他社の最安値の見積もりと比べても十分大きな利益を載せての受注ができたとのことです。

このように、Cの柱が中心の会社は、Gの柱単独での売上アップがしやすいだけでなく、Cの柱との相乗効果が見込まれるのです。

Cをやればやるほど Gの売上があがり、GをやるほどCの売上が上がる。こんなにいいことずくめなのに、公共工事をやらないなんてもったいなさすぎて、やっていない会社にあきれ返ります。

もしやっていないのならば、あなたの会社に、Gの柱を足しましょう。公共工事に参入することで「Cも拡大していくぞ」という気持ちも生まれます。公共工事によるGの柱を立てることで急成長を目指しましょう。

《BtoC》売上方程式で公共工事のすばらしさが理解できる

「売上＝単価×顧客数×リピート回数」

これは売上方程式と呼ばれるものです。BtoCでマーケティングを考えるときによく使われますので、見たことがある方も多いかもしれません。

売上を「単価」「顧客数」「リピート回数」の3つに分解することで、売上を上げるための対策を打ちやすくなります。

この考え方を公共工事に適用すると、「G」の柱である公共工事は、「C」に比べてもとても魅力的だということがわかります。

1つ目の単価を見てみましょう。公共工事は、1億円や2億円といった高単価の仕事を取れるようになります。BtoCでこのような高単価の仕事はなかなかないのではないでしょうか。わたしのクライアントでは、Cの平均は130万円という会社もあります。

2つ目の顧客数においても公共工事は魅力的です。顧客数のことを、公共工事では「発注者」や「発注機関」と言います。「省庁」「県」「市町村」「その他行政法人」など、あなたの会社がどこの地域にあったとしても、全国に7000以上の顧客を対象にすることができます。しかも、営業する必要がありません。必要な書類を作成し、提出すればよいだけです。

つまり、顧客を探せばいくらでも数を増やしていくことができるということです。

念のため申し上げますが、自分の会社のある「市」や「県」1つにしか登録していない会社をよく見かけますが、論外です。

3つ目のリピート回数に関しても、公共工事は毎年必ず予算が組まれます。税金で賄われているので、予算が組まれなくなることはありません。

つまり、入札できる案件は毎年必ずあるということです。個人宅のリフォームでは、リピートを獲得するには「紹介」を考えるかと思いますが、リピート率を高くするのはなかなか難しいのではないでしょうか。

公共工事は、単価も高く、顧客数を営業なしに増やすことができ、そしてリピートを永遠に続けることができる。このように「いい条件」が揃っているビジネスだということがわかれば、わたしがセミナーなどで

「BtoCメインの会社なのに、公共工事をやらない意味がわかりません」

などと過激な表現をしてしまう理由がわかるのではないでしょうか。

売上を上げていきたいのであれば、公共工事は当然の帰結なのです。

《BtoC》競合との争いは、BtoCの10倍ラクチン

公共工事では、見込み客はいくらでも増やせるとお伝えしました。

一方、ＢtoＣでは広告費を使って見込み客を獲得するのが一般的です。高い広告費を払って見込み客のメールアドレスや住所などを獲得できたとしても、実際に受注できるかどうかは別問題です。

なぜなら、競合も同じように広告費を払って同じ見込み客を獲得しているからです。獲得した見込み客をどのように営業して獲得するのか。この「営業力」がＢtoＣにおいては非常に重要になるわけです。

しかし、この「営業力」を上げると言っても、これは個人の能力の問題になってしまいます。つまり社長として頑張っても、すぐに会社の営業力があがるということはないということです。

「社員に営業を任せていたら売上が立たない」

ということで、いつまでたっても社長自身が営業の現場に立ち続けているケースも往々にしてあるでしょう。

公共工事には、営業はありません。**あるのは、明確なルールが決められた入札というシ**

ステムです。明確なルールがあるおかげで、ルールに基づいた効果のある対策を1つ1つ取り組んでいくことが可能です。

入札において自社が受ける評価は、入札ランクや経審の点数などすべて目に見える「数値」に落とし込まれていますので、社長だろうが担当者だろうが誰の目にも明白なものになるのです。

しかも、これらの数値は公表されます。数値を分析することで、どうすればよくなるのかが見えてくるのです。**社長でなくともできるようになるので、仕組みで売上を立てていくことが可能だということです。**

だからこそ、BtoCの厳しさを知っている会社が公共工事に参入するのは、とても有利だと言えるのです。

勝ち負けのルールが決まっていて、しかもデータが公表されている。このように明確に白黒つく公共工事に、勝負の厳しさを知っている会社が本気で参入すれば、売上を上げていくことは難しくありません。

公共工事を通じて、社長が営業をせずとも売上を上げていける「仕組み」を手に入れてください。

BCGバランスで「4年後の目標」を描きなさい

ＢＣＧバランスを元に、あなたの会社が2年後、そして4年後にどのように売上を伸ばしていくことが可能かということをお伝えしてきました。

今のあなたの会社がどのような状態であっても、公共工事に参入することで大きく成長できる可能性を感じたのではないでしょうか。

ただ、可能性を感じるだけではいけません。具体的に目標設定することが大切なのです。

「公共工事でそれなりに売上が立ったらいいな」

というぼんやりとした目標ではなく、

「公共工事だけで売上10億を目指すぞ！」

「既存事業は3億まで伸ばすぞ！」

というようにＢＣＧごとに具体的に設定するのです。

このとき、なるべく大きな目標を設定してください。

「達成できないような目標を設定したくない」

と思うかもしれませんが、小さい目標は描いても意味がありません。

大きな目標を描くからこそ、これまでとは違った取り組みをはじめてみようというチャレンジ精神が生まれるのです。

今のあなたの会社がどんな状態でも構いません。大きな目標を描きやすくするために、1年や2年といったすぐ先の目標ではなく、4年後の目標を描きましょう。

目標を描くことで、入札の件数や経審の点数など、公共工事における取り組みの基準を作っていくことができるようになります。

「売上が立ったらいいな」

などとぼんやりとした意識では公共工事はうまくいきません。

具体的に目標を描くからこそ、具体的な課題が見え、試行錯誤により乗り越えていけるようになるのです。

「うちには公共工事はムリ」と思ったあなたは洗脳されている

公共工事をいままで一切やったことのない会社の経営者に、公共工事に対するイメージを聞くと、

「どうせ入札しても落札できないだろう」

「どうせ落札できても利益は薄いだろう」

「そもそも、実績のないうちができるわけがない」

というようなネガティブな言葉が出てきます。

なかには、

「公共工事って、書類が面倒そう」

ということを言う方すらいます。

もしあなたが、このように公共工事に対して少しでもネガティブな印象を持っているとしたら、**それは「イメージ操作」を受けている証拠です。**

なぜ、そのようなネガティブな印象を持ってしまうのか。図5に、その答えを示しました。

図4の①に示したように、公共工事で稼いでいる会社は間違いなく存在します。

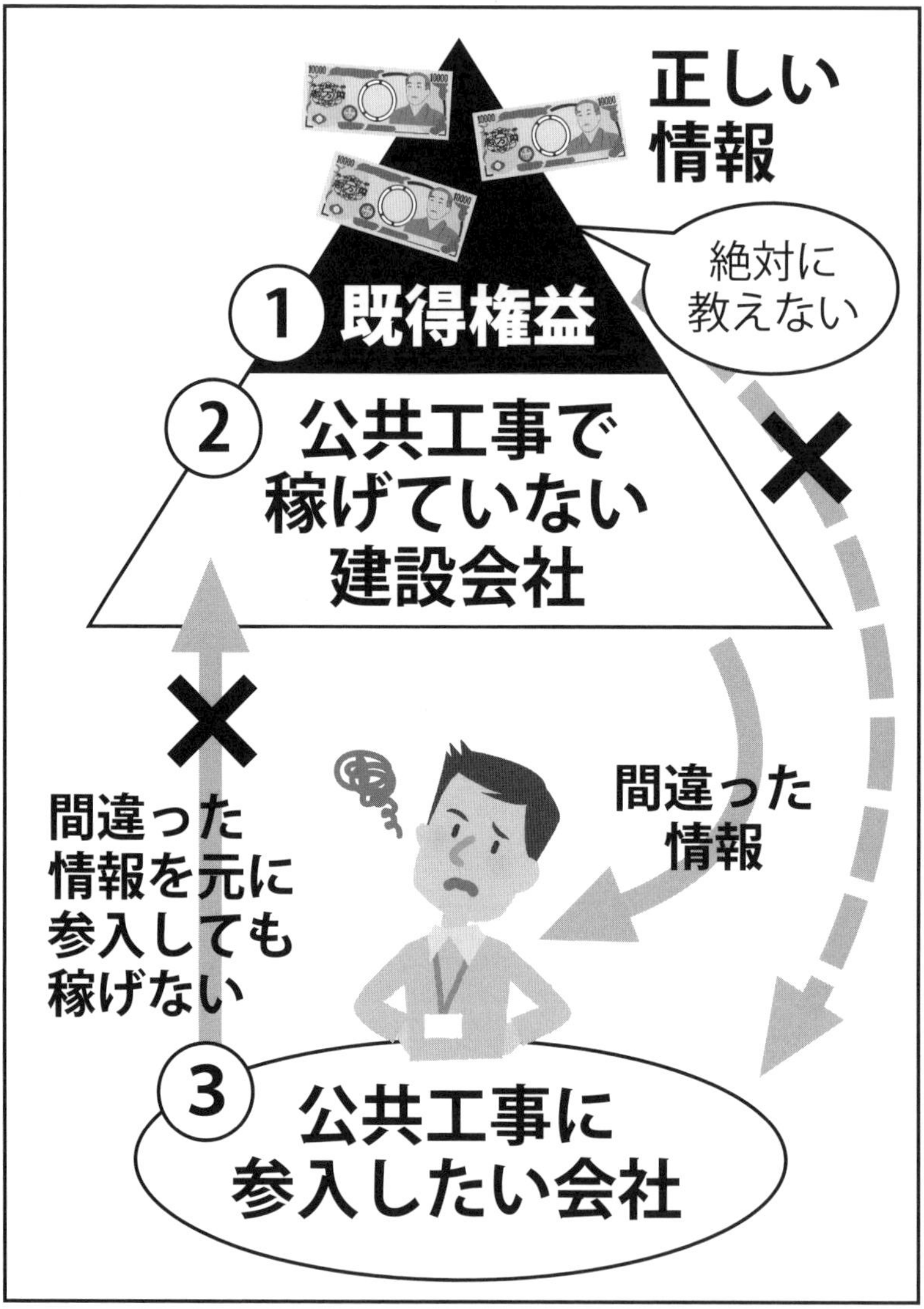

図５：公共工事に対する間違ったアプローチ

実際、私のクライアントには公共工事に参入して数年にも関わらず、1件で13億の工事を落札している会社もあります。

このように、10億円を超えるような大きな規模の工事を受注している会社は、いわゆる「既得権益」を持つことになります。

既得権益を持つ会社は、新たに公共工事を始めようとする建設会社を歓迎しません。なぜなら、**ライバルが増えてしまうからです。**

公共工事は税金で賄われているので、予算として決められた一定の工事額を複数の会社が奪い合う図式です。

国や県、市町村の税収が急になくなることはありえませんから、毎年一定額の公共工事も生まれ続けます。つまり、一定のパイを奪い合う構図が公共工事なのです。彼らからすればライバルは少ない方がいいに決まっています。

もちろん、あなたの会社が参入してもすぐにはライバルになりません。

しかし正しい情報を元に急成長を遂げることで、将来的には同じ工事に入札するライバルになる可能性があるのです。**だから出ようとする芽を小さいうちにつぶそうとするのです。**

これらの会社は数億から数十億という売上を、ほぼ自動的に受注し続けています。**そん**

な「おいしい」ノウハウを、将来ライバルになるかもしれないあなたに教えるわけがありませんよね。

つまり、あなたが公共工事についてノウハウが知りたいと思っても、既得権益を持つような会社は絶対に教えてくれるわけがないということです。話を聞かせてほしいと質問をして、まともに答えてくれるのは図４の②で示したような公共工事で稼げていない会社の社長ばかりでしょう。

しかし残念ながら、このような会社は成功するノウハウを一切持っていないわけです。それどころか公共工事について間違った情報を元に行動していますので、

「公共工事なんて稼げないよ」

「公共工事は面倒くさいし、やっていてつまらない」

というような悪いイメージを植え付けてくるわけです。

これらは、自分の会社が公共工事で稼げなかった言い訳です。**稼げていない会社の言うことは信じないでください。**

「書類が面倒なのでは？」

とやる前から言っている場合ではありません。

１億円を超える工事を落札できたら、面倒だと思う前に

「よっしゃ！」

と思うに違いありません。

あなたも既得権益を得るようになればわかります。正しい情報やノウハウは必ず隠すようになります。既得権益によるイメージ操作に惑わされないようにしてください。

公共工事で成功すると、既得権益をも超えていける

あなたは「既得権益」と聞くと、どのように感じますか？

政治家や大企業など、あなたからは遠い存在としてイメージするかもしれません。しかし、それではいけません。公共工事に参入するのですから、既得権益は超えていくべき存在であり、それは可能なのです。

「売上が1～2億立ったらいいなぁ」

のように、公共工事の価値を小さく見ないでください。

既得権益にまでたどり着き、公共工事だけで10億円以上の売上を立てるイメージを持ってください。

目標が低い、あるいは描けていないままに公共工事を始めた会社がどうなるか。

地元の市や県にだけ登録し、

「うちが入札できる工事がないなぁ」

とぼやき、入札できる工事が出てきてもライバルが多いため落札できない、というのがオチでしょう。

そうして「公共工事は儲からなかった」と言ってやめていきます。

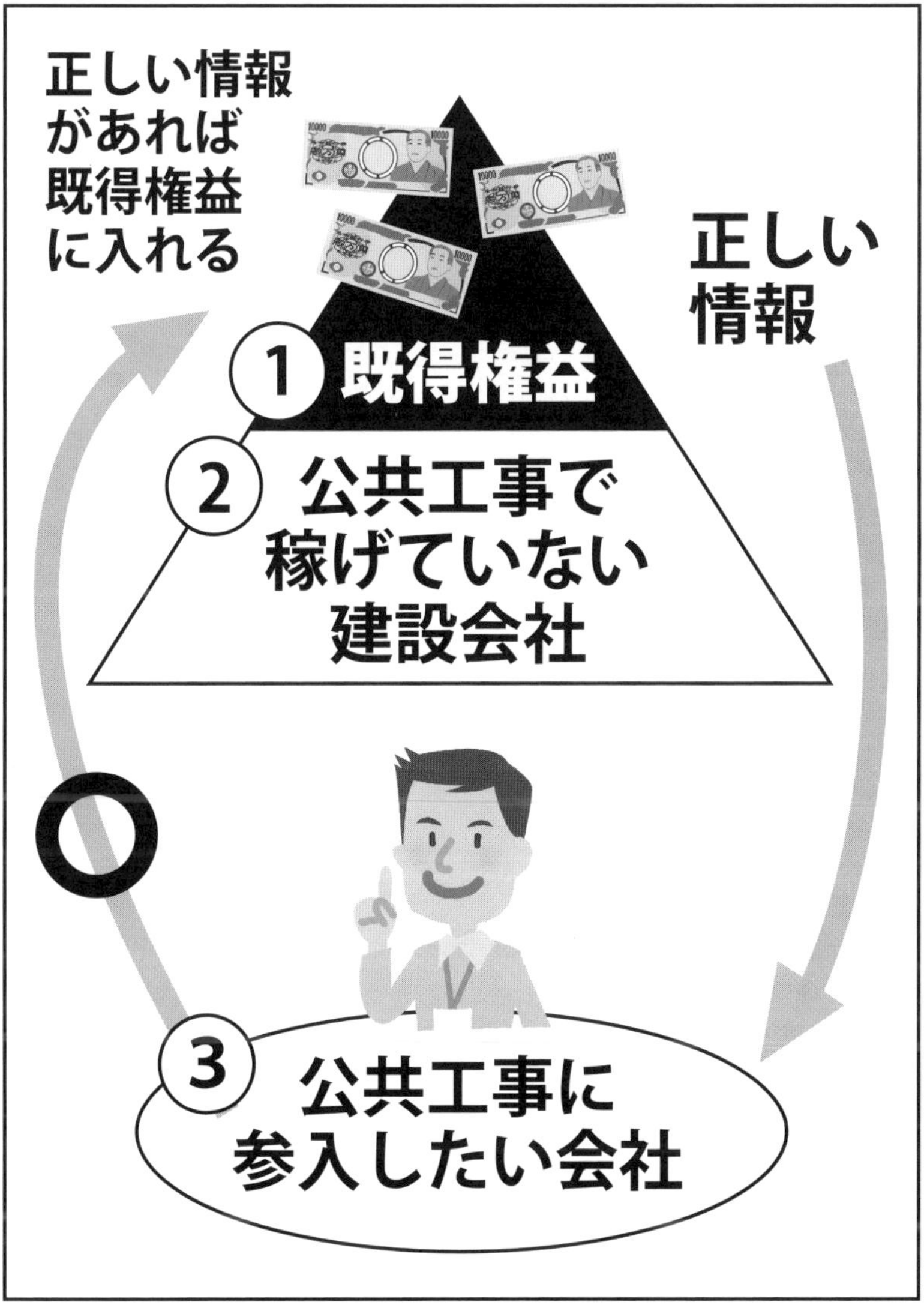

図6：公共工事に対する正しいアプローチ

一方で、図6に示すように正しい情報を入手することで、あなた自身も既得権益を得るポジションにまで成長することができます。

私は日本でただ一人の公共工事専門のコンサルタントとなって10年が経ちます。この10年の間に、「公共工事未経験」の会社が「年間10億円クラス」になるまでの成長段階をステップごとにすべて見ています。稼げる会社がどのように取り組んでいて、稼げない会社がどのように取り組んでいるのか、すべて見てきました。

だからこそ、あなたの会社がどうすれば年間10億円クラスにまで成長し、既得権益を手に入れられるかがわかるのです。

既得権益という言葉に嫌悪感がある方もいるかもしれませんが、それはあなたが既得権益側にいないからです。既得権益を享受する側になれば、きっとあなたはそれを維持したいと思うはずです。

たとえば、既得権益の1つに「指名入札」があります。

「あなたの会社にも入札をしてほしい」

と発注機関から指名を受けて、入札することです。

指名入札は、一般の会社は入札できないので競争が少ないため、一定の高い確率で落札できるようになるのです。

このように指名入札などを通じて、会社に毎年ずっと数億円が自動的に入ってくるようになるのが、既得権益と私が呼ぶものです。

わたしのクライアントが公共工事に参入して、

「売上が公共工事だけで1億超えた！」

と喜ぶことがよくあるのですが、公共工事はそんな程度のものではありません。

このようなことがあると、私はいつも

「その程度で喜ばないでください」

とクライアントを叱ります。

参入3～4年後には、既得権益を得る側になることを目指して公共工事に本気で取り組んでいきましょう。

公共工事には「永続的に稼げる秘密」がある

公共工事には、永続的に売上を上げ続ける秘密があります。この秘密を手に入れることで、あなたの会社にどんな課題があろうとも、10億円クラスにまで成長させていくことが可能になります。

その秘密は「仕組み化」です。公共工事は、売上を上げるための業務1つ1つの工程が明確ですから、仕組み化しやすいのです。

たとえば、週1で入札するというルールを決めることも仕組みです。社員全員が資格試験を受けると決めることも仕組みです。

やるべきことを仕組みとして定めることで、やらざるを得なくなります。

「はじめてだから、やり方がわからない」

と言ってなかなか行動しない人がよくいますが、わからないことは入札担当の公務員に聞けば教えてくれます。案件を探してから落札までの一連の流れを一度経験すれば、あとは従業員同士で情報を共有することで仕組み化できます。

仕組みを作ることで、公共工事は従業員だけで回していけるようになります。

この段階にまでくれば、あなたの手はだいぶ空きますから、事業所を増やしたり、会社を増やしたり、といった経営者としてのさらなる一手を打つ余裕が出ます。事業所を増やすのも、会社を増やすのも、仕組み化がすでにできていますから同じように導入するのみです。

あなたはすでに公共工事に参入して稼げるようになるまでを実際に見てきていますから、別の事業所や別の会社ではよりスピードアップして稼げるようになるでしょう。

このように、公共工事は下請や民間工事の元請の仕事と異なり、仕組み化によって永続的に稼ぐ会社を作り出しやすいのです。

公共工事を通じて仕組み化を進め、真の経営者へとステップアップをしましょう。

年間10兆円が同業他社に流れるのを、ただ眺めているのか

国が発注する公共工事の額をご存知ですか？　その額、なんと7兆円です。令和元年度の国の公共事業関連費が6兆９０９９億円。その他に、県や市が数百億円の予算を計上しています。都道府県は48、全国の市区町村は１７２４ありますので、少なく見積もっても数兆円が公共工事に使われている計算です。

わたしの見積もりでは、およそ10兆円の税金が、毎年公共工事の名のもとにあなたの同業他社に支払われています。**同業他社は、いわば毎年約10兆円の税金を山分けしているのです。**10兆円というと、国民全員が支払っている消費税の約半分です。

つまり、私たちが何かを買うたびに、その消費税分の50％が、どこかの建設会社の銀行口座にチャリンチャリンと入っていっているということです。

それだけではありません。あなたが毎年、決算のたびに納めている消費税も、同じように同業他社の売上と変わってしまうのです。なんだか、腹が立ってきませんか？　あるいは、いいなぁ、とうらやましく感じませんか？

「あの会社みたいになりたい」

「でも、今は同じようになれていない」

　このようにうらやましいという感情は、何度も感じているうちに、だんだんと妬ましくなってくるはずです。

「あの会社よりも公共工事を取りたい！」

「でも今は取れていない！」

　この段階にまでいくと、悔しいという感情が出てきます。うらやましい、妬ましい、悔しい。**このような「反骨心」こそが、公共工事参入の原動力となります。**人は感情で動く生き物です。

「これがほしい」

「こういう人間になりたい」

「こういう会社にしたい」

　という夢や目標を持つことは大切ですが、それだけでは人はなかなか行動にまで至りません。

　人は元来、怠け者です。何もしたくない、新しいことはやりたくない。そう思ってしまう弱い生き物です。

だからこそ、夢や目標といったプラスの感情だけではなく、「腹が立つ」「妬ましい」「悔しい」といった反骨心を持って取り組んでほしいのです。

「ほかの会社にだけ、おいしい思いをさせたくない！」

「なぜうちの会社が取り残されなければならないんだ！」

「このままではいたくない！」

といった反骨心を持つことで

「なにがなんでも、参入してやる！」

という気概を手に入れていただきたいのです。

あなたの新規参入を拒む敵は、誰もいない

どんな世界でも、新しい事を始めようとする人がいると「抵抗勢力」というものが現れます。

公共工事における抵抗勢力とは誰のことでしょうか。

既得権益を有する大手のゼネコンでしょうか。公共工事をすでに行っている既存の建設会社でしょうか？　新参者はあっちいけと行政機関も嫌がるのでしょうか？

そのようなことは一切ありません。公共工事は、国民の税金によって成り立っています。その税金を予算として発注される公共工事は、あらゆる建設会社に広く門戸が開かれています。

もちろん、条件はあります。**しかし条件さえ満たせば、ライバル会社があなたの会社の参入を拒むことはできません。**あなたの会社が下請の仕事をやっていたとして、元請会社が

「おい、なまいきだぞ」

と言って参入を止めてくるなんてことはできません。

公務員は公僕と言われるように、国民に奉仕する存在ですから、自社の公共工事に関してわからないことがあれば、あなたはなんでも質問をする権利があります。

入札制度という制度自体、特定の会社だけを優遇しないために作られている制度なわけです。

既得権益は存在しますが、その既得権益への門戸も開かれているのです。

経営者の仕事は「決断」をすること

経営者にしかできない仕事。それは決断です。

公共工事に新規参入するかどうかを決めるのは、経営者にしかできない仕事です。

「うちの嫁にも相談してみる」

という方がいらっしゃいますが、経営判断は奥様に相談するものではありません。奥様がいくら高学歴で聡明な方であったとしても、経営判断は経営者ご自身ですることです。

「一体どれくらいの確率で新規参入できるのか」

というような確率の話をされる方もいますが、その答えは「諦めなければ１００％」です。

「やっぱりやめた」

と諦めてしまうような方は、そもそも決断ができていないのです。

決断とは、退路を断つことです。何があっても、目的を達成するというゴールを先に決めたうえで、一歩一歩歩みを進めるのです。

なにも、エベレストに登ろうという話をしているのではありません。普段着で何の準備もせずに登れる高尾山とは言いませんが、例えとして適しているならば「富士山」でしょう。

「富士山に登るのに、成功する確率はどれくらいですか?」

と聞く人は聞いたことがありません。

高山病になってリタイヤする人はもちろんいるでしょう。

そもそもですが、高山病にならないための準備があります。必要なものをそろえ、高山病にならないための準備もしたうえで登ればいいのです。

富士山が登れるようになったら、次はこの山、その次はこの山、とランクアップしていくことができます。

最悪なのは、やりもせずにできない理由を並べ立てて、やらない言い訳を言って時間を無駄にする経営者です。

「やってみたらできるんじゃないか」

と公共工事に参入した会社の行動力は褒められるものです。

ただ、甘い気持ちで始めた会社は、

「思ったよりもつらかった」

といって諦めてしまうことが往々にしてあります。

正しい情報を得ることなく、間違った情報しか得られないわけですから仕方ないと言えます。

あなたはこの本に出合えたわけですから、正しい情報を元に公共工事に参入することができるのです。やらない言い訳やできない言い訳はすべて捨て、公共工事に本気でチャレンジしましょう。

結局、公共工事に参入しないのは社長が臆病なだけ

独立して何年かすると、失敗することに臆病になる経営者が多いように思います。独立した時には勇気をもって決断したはずなのに、売上がある程度安定してしまうと、気持ちまで安定を好んでしまうのです。

「今のままでもそこそこ幸せだし、新しいことはしんどいからやめとくか」

そのような考えが浮かんでくるとしたら、それは非常に危険な状態です。そこそこで満足してしまっては、そこそこすら維持できなくなります。安定を好むということは、変化をしないということです。変化をしなくなった会社は、衰退をはじめます。

大手の建設会社は、常に新しい手を打ち続けています。大手すらチャレンジし続けているのに、中小企業がチャレンジを辞めたら会社は維持できずに崩壊して当然なのです。

「現状維持でいいや」

と思ってあなたが向上心を捨ててしまったら、あなたの従業員も同じように向上心を失っていくことでしょう。

あなたは経営者ですから、誰よりも向上心を持って、社員を鼓舞し続けなければいけないのです。

公共工事の新規参入をしていない建設会社は、公共工事がいかに「おいしいか」を知らないか、あるいは「臆病か」のどちらかです。

これからの時代、臆病な会社が生き残れるわけがありません。今のあなたに必要なのは、「やる！」と決断するだけなのです。

第1章　まとめ

●創業当初の野心を思い出し、売上 10 億円を目指せ
●売上 10 億円は単なる通過点に過ぎない
●公共工事以外で売上 10 億円は実現できない
●下請仕事「B」直接請負「C」公共工事「G」で俯瞰せよ
●下請仕事「B」中心の経営者は野心を失ってしまいがち
●下請重層構造においても上を目指せ
●公共工事で元請会社のポジションにいきなり立てる
●直接請負「C」中心の経営者は「G」でも成長が早い
●売上＝単価 × 件数 × リピート
●公共工事には単価、件数、リピートいずれも上限がない
●営業スキルがなくても入札で仕事が取れる
●４年後の大きな目標を描いてベンチマークせよ
●「公共工事は稼げない」は単なるイメージ操作
●既得権益を忌み嫌うのではなく乗り越えていけ
●公共工事は永続的に稼いでいける
●税金を払うだけではなく、もらうのが公共工事
●公共工事参入の門戸は広く開かれている
●経営者としての決断が公共工事の売上を生み出す
●臆病な経営者は絶対に成功できない

第2章 公共工事で成長する10のルール

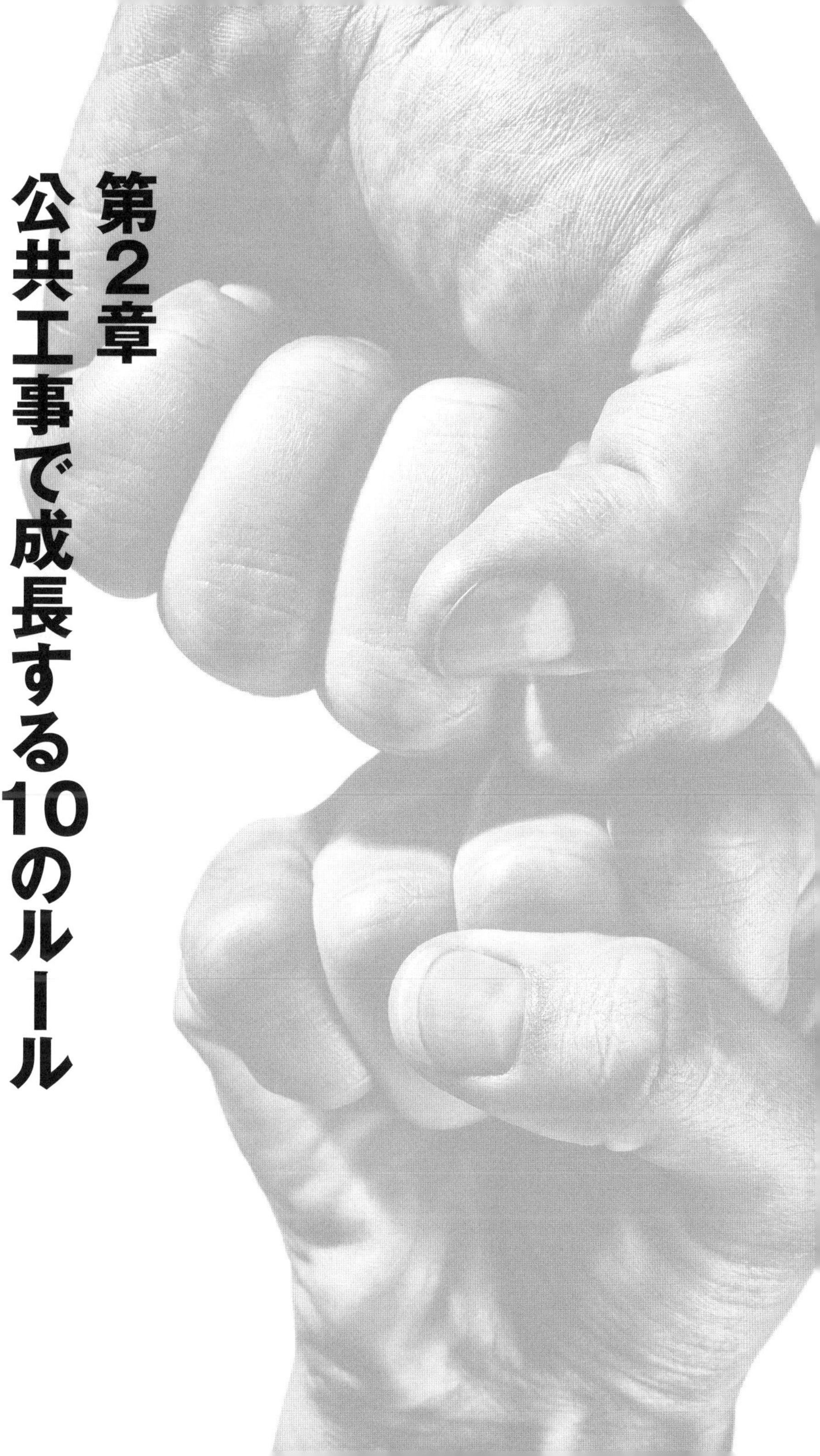

公共工事で成長する会社は「公共工事のルール」に従う

「入札できる案件が見つからないな」
「入札しても落札できないな」
「面倒くさいから、もうやめようかな」

たいがいの企業は、公共工事を始めてもこのようなことを言って1件も落札できないまま撤退していきます。公共工事をやっているという会社でも、小さい工事をちょろちょろと行うだけの会社がほとんどです。

一方で私のクライアント企業は、継続的に落札できるようになるだけでなく、1、2年で1億を超える工事を受注するようになり、10億円規模の売上を上げる会社へと成長していきます。

なぜ成長する企業と撤退する企業に分かれてしまうのか。

一言で言えば、公共工事のルールに従っているからです。ここで言うルールとは守るべき決まり事という意味ではなく、公共工事において成功するための法則性という意味です。

公共工事にはB to BやB to Cとは異なったルールがあります。そのため勝手な先入観を持たないことや、過去の経験からの固定概念にとらわれないことが大切です。

第2章では撤退する企業が従ってしまっている間違ったルールと、成長する企業が従っている正しいルールを紹介します。公共工事のルールを押さえることで、成長する企業になることができるでしょう。

《ルール1》業種区分

撤退企業は、1つの業種区分でだけ入札を行う
成長企業は、いくつもの業種区分で入札を行う

公共工事を始めるにあたって必要なものに「建設業許可」があります。この建設業許可は入札する工事の「業種区分」ごとに行う必要があります。業種区分は次に示す通り、大きく分けて4種類、全部で29あります。

【土木】土木一式、舗装、しゅんせつ、水道施設、造園
【建築】建築一式
【設備】電気、管、機械器具設置、熱絶縁、電気通信、さく井、消防施設、清掃施設
【職別】大工、左官、とび・土工、石、屋根、タイル・れんが、鋼構造物、鉄筋工事、板金、ガラス、塗装、防水、内装仕上、建具、解体

公共工事が儲からないといって撤退していく企業のほとんどは、たった1つの業種区分でしか手続きをしていません。

「うちは塗装を行っている会社だから、業種区分は塗装だな」

このように1つの業種区分でのみ建設業許可を登録し、たった1つの業種区分の範囲でのみ入札をしているのです。

しかし公共工事において、たった1つの業種区分でしか入札してはいけないというルールはありません。

「うちは塗装の会社だから、塗装でだけ入札をしておこう」

というのは**勝手な思い込みなのです。**

特に新規参入の場合は、実績がない中で入札できる工事を探すにあたって、業種区分を増やすということが大きな武器になります。

たとえば塗装の会社であっても防水の業種区分に登録を増やすことで、入札できる案件が見つかり実績を残すことができるということもあるのです。

では、やみくもに業種区分を増やしていけばいいかと言うと、それは違います。**業種区分を決める前に、それぞれの業種区分でどんな入札が行われているかを調べるのです。**

建築一式で募集されているにも関わらず、工事の中身はほとんど塗装の仕事だった、というようなこともあるのです。

たとえ工事の中身が自社の強みとする内容ではなかったとしても、下請会社を使うことで施工すれば何の問題もありません。

公共工事は、落札できないと売上にはなりません。**大切なことは、落札というゴールから逆算することです。**

「落札できるかどうか」「どんな入札があるのか」を調べ、業種区分を増やしましょう。

あなたの会社が今までやってきた工事のみに業種区分を限定してはいけないのです。

《ルール2》発注者
撤退企業は、1つの発注者にばかり入札する
成長企業は、新たな発注機関を開拓し続ける

公共工事を発注するのは、市や県だけではありません。学校、警察、行政など何百、何千という発注者が全国にあります。

それにも関わらず、市や県にしか入札しない会社がほとんどです。**これはものすごいチャンスを逃がしていることを意味します。**

「ライバルが多すぎていくら入札しても落札できない」

などとボヤいている会社がいる一方で、

「入札会社がもっと増えてくれないかなぁ」

と悩んでいる発注者が全国にはいくつもあるのです。

「こんな発注者がいたのか」

と新しい発注者を見つけたら、電話で問い合わせて申請方法を聞くなどの準備をし、入札ができるようにします。**普通の会社がライバルの多い発注者ばかりに入札をしているの**

を尻目に、あなたの会社はライバルの少ない発注者を開拓していくのです。

ある意味、これは「新規開拓営業」です。

元請会社として仕事を自ら取りに行くわけですから、発注者を開拓するということは欠かしてはならない中心的な業務の1つなのです。

通常、新規開拓営業と言うとつらくて厳しい世界です。しかし公共工事の新規開拓では営業相手が公務員ですから、ペコペコする必要はまったくありません。**わたしたちが払った税金を使って公共工事を行うわけですから、営業先といえども気を使う必要は全くないのです。**目的が営業であろうと何であろうと、納税者として堂々と聞く権利があります。気になる発注者が見つかったら、気兼ねなく電話をかけて聞けばいいのです。公務員は、対応する義務があります。

「忙しいので、答えたくありません」

と断られてしまうことはありません。

いまはインターネットで情報は検索できますから、発注機関をパソコンでいくらでも見つけ出すことができるのです。大切なのは「自ら調べて探し出す」という姿勢です。

1つ2つの発注者にだけ入札している会社と、20、30の発注者に入札している会社とでは、成長スピードが何倍も差がついて当たり前です。

発注者は少なくていいという固定概念を外し、あなたの会社が落札するのに適した発注者をどんどん開拓していきましょう。

《ルール3》エリア

撤退企業は、地元の入札案件しか探さない 成長企業は、広いエリアで入札案件を探す

「うちの市以外に入札したことがある会社さんはいますか?」

とある市が開催した公共工事の入札に関する説明会でこのような質問がありました。手を挙げたのは、私のクライアント企業を含むたった2社だけ。会場には、100以上の会社が来ていたにもかかわらずです。

つまり9割以上の建設会社は、地元の市の入札にしか参加しておらず、広いエリアで入札案件を探すという意識すらないことがわかります。

発注者は遠くても、工事現場は近いということもよくある話です。千葉の会社が新宿にある発注者に入札をして、会社から数分の現場の工事を受注したということもありました。もちろん、地元以外の現場の工事を受注することも可能です。

B to Bの下請工事やB to Cの直接請負では遠くのエリアの工事を請け負っている企業であっても、公共工事だとなぜか

「地元のエリアにしか入札しない」

という固定概念が生まれてしまう会社がほとんどです。逆に言うと、これはチャンスです。建設会社が多いエリアは入札でのライバルは多くなります。逆に建設会社が少ないエリアはライバルが少なくなるのです。地域によって、建設会社の数にはバラつきがあります。あなたの会社のエリアに建設会社が多いのでしたら、建設会社が少ないエリアを探して入札を調べてみればいいのです。

地元の建設会社を優遇する仕組みがあることが多いですが、だからと言って入札できないというわけではありません。実際、私のクライアントは自社がある市の隣の市から工事を定期的に受注し続けています。

工事は、落札しなければ施工できません。**施工することよりも落札することの方を優先させて考えるべきなのです。**わたしのクライアントには、海外の工事を受注している企業もあります。競争率が低いうえに、利益率が高い工事です。

エリアの固定概念に縛られないでください。自分の会社がある地域にこだわる必要なんてないのです。競争の少ないエリアで大きな利益を目指しましょう。

《ルール4》工事単価

撤退企業は「過去と同じ価格帯」でばかり入札する 成長企業は「経験のない価格帯」にも入札する

公共工事の固定概念として、「業種区分」「発注者」「エリア」の3つがあることをルール1からルール3でお伝えしました。

同じように外していくべき固定概念として、「工事単価」があります。

ほとんどの会社が、BtoBやBtoCのルールを公共工事に持ち込んでしまっています。

結果、過去の工事と似たような価格帯の工事にばかり入札しようとし、

「入札できる案件が少ない」

「入札できてもライバルが多い」

と悩むのです。

それまでにやっている単価の10倍、20倍の工事に入札したって構わないのです。

もちろん、入札における要件を満たす必要はありますが、満たしてさえいれば100万

円の工事をやっていた会社が50倍の金額である５０００万円の工事に入札したっていいわけです。

公共工事には、公共工事のルールがあります。入札ランクなどの要件を満たしていれば、いくらでも工事単価を上げていけるのが公共工事の世界なのです。

数千万円の工事しかやったことがなかったとしても、１億円以上の工事に入札してはいけないという決まりもありません。あなたが持っている固定概念は捨ててください。

そして公共工事の正しいルールを元に行動していくのです。固定概念を外さない限り、公共工事で大きな成長はありません。

あなたが先入観を持たず、まっさらな気持ちで公共工事に取り組めば、１本の工事で自社の年間売上を超えるようなステージへと到達できます。

そこまで行けば、第１章でお伝えしたような二次曲線的な急成長を遂げられるのです。

《ルール5》入札頻度

撤退企業は、案件が見つからなくても探し方を変えない
成長企業は、定期的な入札のために探し方を変える

「いい工事があったら入札しよう」

撤退するような企業は、このような考え方をしてしまいがちです。

特に参入当初においては、入札できる工事を選ぶような段階ではありません。いい工事は、普通の調べ方では見つかりません。ですから「見つかったら入札する」という考え方ですと、いつまでたっても入札しないという結果になってしまいます。

そもそも「いい工事」と言っても具体的にどんな工事をいい工事と考えているのかわからないで言っているように見えます。

一方で、成功する企業は定期的に入札をしています。

「いい案件があったら」というようなあいまいな考え方はしません。**定期的な入札をすることを第一に考え、入札を探す際の条件を変えていくのです。**

たとえば入札できる案件が見つからない場合は、

「いつもの発注者がダメなら、別の発注者を探さないと」

と別の発注者を探してみたり、

「いつもと違う工事単価も調べてみよう」

と調べる条件を変えてみたりするのです。

「安い単価の工事を探したら、利益率が高く取れる案件を見つけました！」

と報告をくれたクライアントもいます。

すでにお伝えしたように、「業種区分」「発注者」「エリア」「工事単価」の4つを変えていくだけでも、相当な試行錯誤が可能です。これらの4つをわたしは「4つのタグ」と呼び、特に重要なものとして捉えるようにクライアントに指導しています。

入札しなければ落札できません。**入札することを先に決めて、すべての帳尻を定期的な入札に合わせていくのです。**そのためにどうしたらいいかを、4つのタグの固定概念を外して考えるのです。固定概念が外れると、入札案件探しに対するアイディアが次々にわいてくるようになり、楽しくなってくるはずです。

入札をすればするほど、どうしたら落札できるのかということもわかってきます。定期的な入札を第一に考えて、落札を勝ち取っていきましょう。

《ルール6》手続き

撤退企業は、戦略を考えずに行政書士に依頼する
成長企業は、戦略を考えた上で手続きを自社で行う

公共工事における手続きは、戦略と密接な関係にあります。図7に示すように、公共工事に入札するには3つの事前手続きが必要です。

1つ目が、①に示す「建設業許可」の手続きです。

民間工事では一定額以下の小さい工事であれば不要のため建設業許可を持たない建設会社があるかもしれませんが、公共工事では額の小さい工事においても必要です。

これはルール1でもお伝えしましたが、業種区分ごとに必要となります。たとえば塗装、防水、建築一式の3つの業種区分で入札する場合は、それぞれ3つの建設業許可が必要となります。

つまり、「どの業種区分で入札するか」という戦略と、「建設業許可の手続き」が対応しているのです。

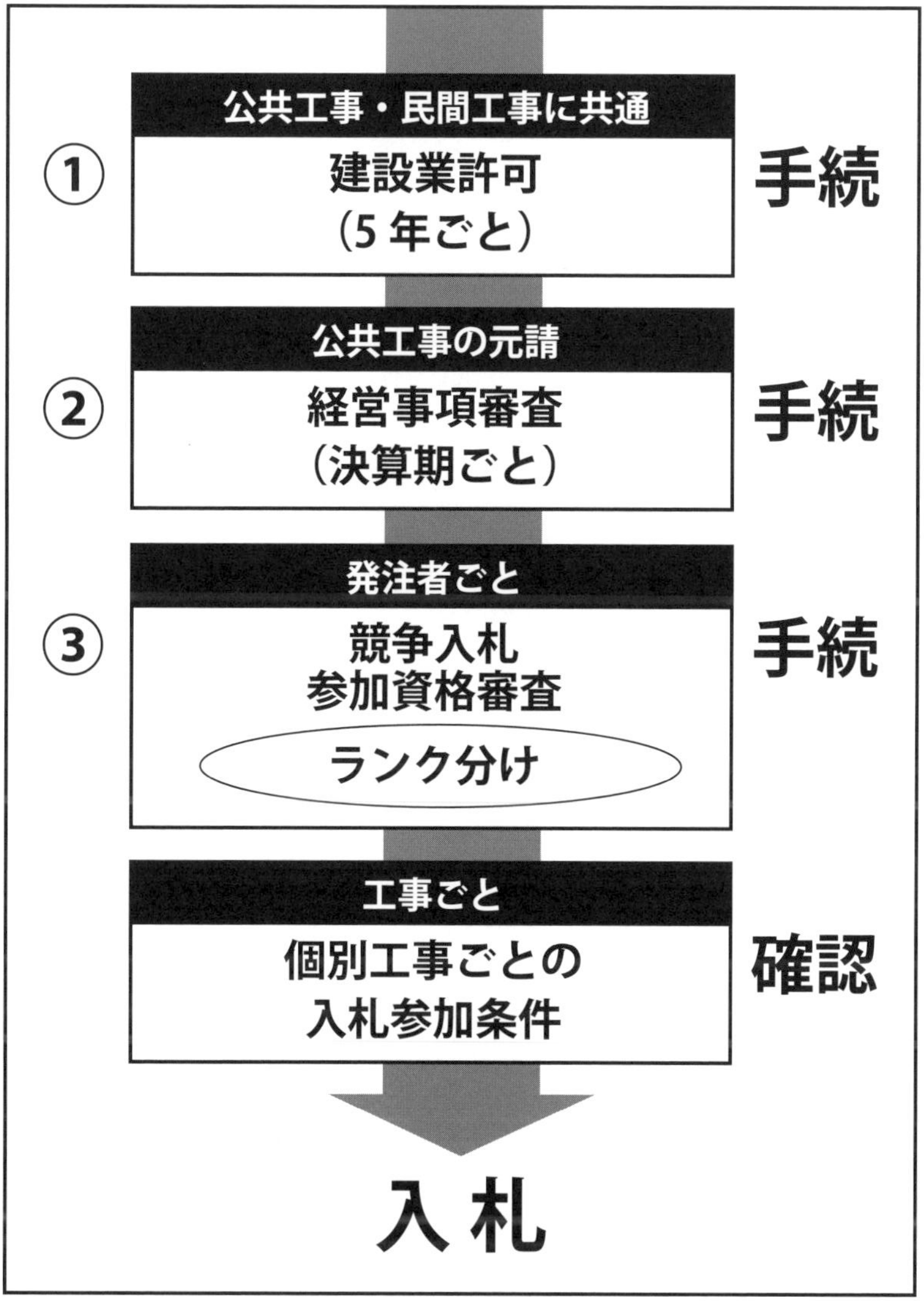

図 7 ：入札に必要な 3 つの手続き

2つ目が、②に示す経営事項審査（以下、経審）です。

これは「審査」という言葉からもわかるように、公共工事の入札に参加する建設業者の企業規模や経営状況などを審査し、点数を出す制度です。この経審の点数によって、発注者ごとに建設会社はランクA、ランクBのように格付けをされます。

格付けが高いほど入札できる案件の価格帯が広がりますので、「経審」の手続きと戦略における「工事単価」とが対応するわけです。

3つ目は、③の競争入札参加資格審査です。

②で取得した経審を発注者に提出することで入札できるようになります。「どの発注者を選ぶか」という戦略と、「入札参加資格審査」という手続きとが対応します。

以上のように、3つの手続きは戦略と密接な関係があります。

「その道のプロにお願いしよう」

と手続きを行政書士に依頼しようとする方が多いのですが、そうすると戦略を考える工程を行政書士に丸投げしていることになってしまいます。行政書士は公共工事のプロではありませんから戦略を考えてくれません。手続きは行政書士に依頼せずに、自社で取り組むのがベストです。**自社で取り組むことで、公共工事の正しい情報が手に入るからです。**

入札に関する細かい情報や最新の情報について一番詳しいのは、発注者である行政機関の担当者です。行政機関が公共工事のルールを作っているのですから、その行政機関に所属している担当者から聞く情報が最も信頼性が高い情報となります。行政書士などからルールを聞いても、それはその人の過去の経験から来る情報です。その情報は古い可能性もありますし、行政書士自身が持っている先入観や固定概念が混じっている可能性もあります。

過去にいくつもの公共工事で成長した企業を見てきた私からすると、**手続きを行政書士に依頼した方がいい理由は1つもありません。**前述の①から③の3つの手続きで困ったら、担当の行政機関に電話をかけ、質問すればいいのです。公務員は公僕ですから、わからないことがあれば何でも教えてくれます。1日に何度電話をかけても怒られません。

手続きは公共工事に参入するときにだけするものではありません。経審の手続きは毎年行うものですし、業種区分や発注者を増やす際には建設業許可や競争入札参加資格申請を行います。

自社で行えるようになった方がそれぞれの手続きを担当する公務員とのコミュニケーションも通りやすくなりますし、手続きのスピードも年々あがっていきます。

自社で手続きをすることで、公共工事のルールへの理解を深めていきましょう。

《ルール7》入札ランク

撤退企業は、与えられたランクのままで入札を続ける
成長企業は、上のランクを目指して経審対策に力を入れる

公共工事における成功を左右する1つに「経審」があります。経審は、あなたの会社の規模や経営状況などに点数をつけるものです。この経審がなぜ重要かというと、あなたが公共工事で戦う土俵が決まるからです。

あなたは元請になるのですから、自分で戦う土俵を決めなければいけません。経審の点数が高い方が、土俵を選びやすくなります。

公共工事は経審の点数などを元に建設会社をランク付けし、それぞれのランクごとに入札できる工事の価格帯が決まるルールになっています。グループ分けの数や価格帯の違いは、発注者によって異なります。

たとえば国土交通省が発注する公共工事のグループ分けは図8のようになります。一般土木・建築の場合はＡＢＣＤの4ランク、アスファルト舗装（Ａｓ舗装）と電気・暖冷房はＡＢＣの3ランクに分けられています。

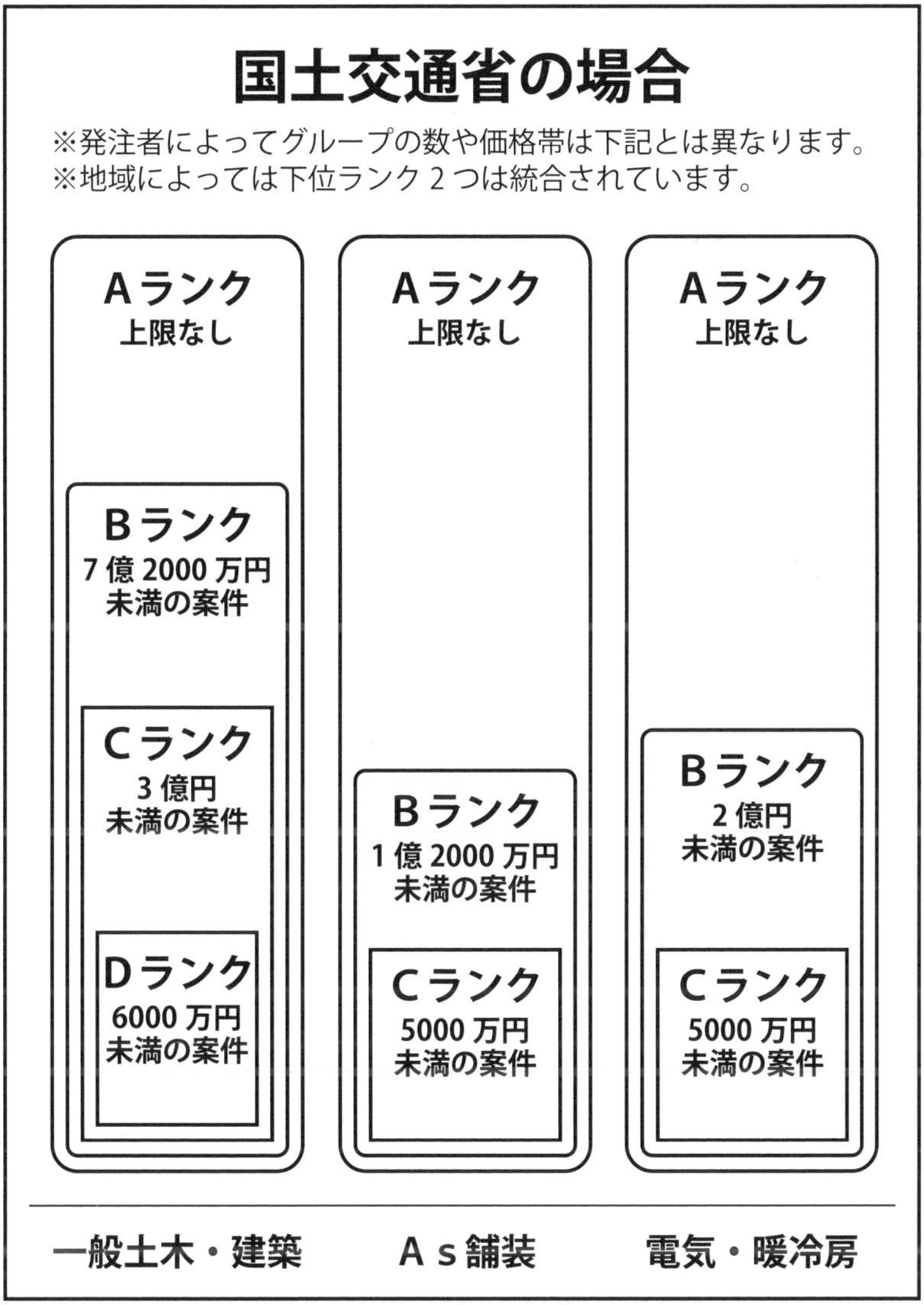

図８：国土交通省における入札ランクのグループ分けの例

最下位ランクは5000万円や6000万円が上限だということが見て取れます。ところが、最下位ランクからひとつランクが上がっただけで、急に1億や2億といった工事にも入札ができるようになるのです。

各発注者がこれらのグループに企業を振り分けることを「ランク付け」と言います。ランク付けの基準は、大部分が経審の点数が占めます。

「発注者別評価点」や「主観点」と呼ばれる、発注者や都道府県が独自に行う評価も加味されますが、経審の方が重きを置かれるので経審の対策が非常に重要となるのです。

経審は決算期ごとに審査を受け、点数が算出されます。

決算のタイミングでだけ対策をする企業がほとんどですが、できることは限られてしまいます。

そうではなく通年通して経審の点数を上げるための対策を練り、実行していくことが重要になります。

行政書士に作成を丸投げして終わり、というやっつけ仕事にしては絶対にダメです。

経審対策は、自社でなければできないと考えてください。

行政書士は経営のプロでもなければ、公共工事のプロでもありません。

経審対策を行政書士に頼っている時点で公共工事の成功はないと言えるでしょう。

《ルール8》施工と落札

撤退企業は、「工事の施工」を中心に考える
成長企業は、「工事の落札」を中心に考える

公共工事で成長するために重要なのが「落札中心」の考え方です。その際、**邪魔になってしまうのが職人としての固定概念です。**

職人はどうしても

「うちの会社が得意な工事か」

「自社がやったことのある工事か」

といった過去の経験をベースに考えてしまうのです。これは、B to BやB to Cの考え方をB to Gである公共工事に持ち込んでしまう悪い癖です。公共工事は元請会社として工事を落札するわけですから、できない仕事はそれができる下請にお願いすればいいのです。

つまり、職人としての固定概念があると結果的に入札に躊躇してしまい、工事をなかなか落札できないのです。

もちろん落札した工事を施工することも大切ですが、**比重として圧倒的に高いのは「落**

札すること」自体です。落札するためには、入札を定期的に行うことが重要です。

そのために中心的な仕事は「入札案件探し」になります。パソコンで調べたり、電話をかけたり、時には足を運んだりして入札する案件を探していくわけです。この仕事は、女性社員や若手社員でも行える仕事です。むしろ、職人としてのベテラン社員は行うのが難しい面があります。

「自分が過去に経験した工事か?」

という自分が工事現場で働くイメージで探してしまうため、選ぶ案件に制限が出てきてしまうのです。

案件探しの他にも、落札するための仕事はいろいろあります。ライバル企業を分析することで新たな発注者を見つけたり、これまで自社では目を向けていなかった業種区分や価格帯、エリアに目を向けるきっかけになったりします。

公共工事は、杓子定規に行うものではないのです。

「もしかするとこうしたら、もっと落札できるかもしれない」

とゲーム感覚で楽しむからこそ、創意工夫が生まれるのです。この創意工夫は、工事現場での作業ではありません。つまり、現場経験がものをいう世界ではありません。そのため、女性や若手社員であっても活躍できるのです。

どの工事に入札するかについて、いちいち社内のベテラン社員に対して聞いてはいけません。もし聞いてしまったら、

「そんな工事はやったことがない」

と嫌な顔をして言われてしまうでしょう。

重要なのは、落札できるかどうかです。

「社長、この工事に入札するのですが、この積算でいいですか？」

と女性社員や若手社員がドライな感覚で社長決済を取り、入札をドンドンしていけるようになると、自動的に落札も増えていきます。

公共工事で成功したいなら、初期段階は特に落札のための仕事に注力しなければならないのです。

《ルール9》資格者
撤退企業は、少ない資格者のために工事の数を増やせない
成長企業は、資格はあって当たり前と考え工事の数を増やす

資格者の数は公共工事における成長スピードを加速するために重要です。

その理由は2つあります。


1つは施工管理の資格者が専任で求められる入札案件が多くあるからです。

例えば資格者が1人しかいなかった場合、専任で求められる入札工事を1つ受注してしまった時点で、入札できる案件に制限がかかってきます。資格者がいなくても受注できる案件にしか入札できなくなるということです。逆に資格者が多ければ他の入札で専任となる資格者をつけていたとしても何の問題もありません。


つまり資格者を増やすことで、同時期に複数の工事を受注することが可能となり、成長スピードを2倍3倍にできるということなのです。

もう1つの理由は、経審の点数があがることです。

経審の中で「技術力」の部分が資格者の種類と数によって評価されるのです。資格者が増えれば増えるほど技術力がある会社として評価されるわけですから、社長としては社員全員に資格を取ってもらいたいと考えるでしょう。

そのためには経営者だけが元請会社としての意識を持つのではなく、社員全員に元請会社としての意識を持たせる必要があります。

「うちは建設会社だから、工事をするのが仕事だ」

というのが、ありがちな社員の意識です。

このような意識を持ってしまうと、

「現場で働く職人が一番偉い」

という価値観を持たせることになってしまいます。公共工事で成長するには、そのような「現場主義」をなくしていきましょう。

その代わりに浸透させていくべきが、「落札主義」です。

「うちは元請会社だから、仕事を取ってくるのが仕事だ」

という価値観を、社員に伝えていくのです。

「資格を取れば、その分落札に有利になる」

という公共工事のルールを少しだけでも社員に伝えることができれば、

「資格を取るだけで評価されるぞ」

ということを誰しもがわかるわけです。

しかも資格は1つではなくいくつもあります。難易度も1級と2級がありますし、業種区分が異なるとまた別の資格が必要になることもあります。

つまり1人の社員が別の資格や上位の資格を取っていくことによっても、経審の点数がどんどん上がっていくことにつながるのです。

落札をしたら、資格を持っている社員が管理者として担当することになりますから、資格取得者には仕事がバンバン与えられ、資格を持っていない社員には仕事が与えられないことになります。

つまり資格を取得することは、公共工事を行う会社の社員にとっては、至極当たり前のことなのです。

このような強い価値観を社長自身が持つことで、従業員が持つ現場主義を落札主義へと変えていきましょう。

《ルール10》入札価格
撤退企業は、公共工事を「安売り競争」と考える
成長企業は、公共工事を「掘り出しもの探しゲーム」と考える

「公共工事は、どれだけ安く入札できるかだ」

このように考えてしまうと、儲かりません。

安く入札してしまうと利益率が低くなりますので儲からなくて当然です。

入札制度は、公共機関が適正価格で工事を発注するために作られています。

「安く入札しないと落札できない」

とボヤく社長は、ライバルの多い土俵にいるからいけないのです。

公共工事で大きく儲けている会社は存在しますし、利益を大きく取っている会社も存在します。あなたも公共工事で大きく儲けている会社があることはご存知でしょう。

「安い金額で入札しないと落札できない」

という会社は、入札を安売り競争だと勘違いしているのです。

安く入札してしまうと、

「利益を出すためになるべく自社で施工することで利益率を上げたい」

という下請会社に出さない傾向が生まれます。

「自社だけで施工できる工事にだけ入札しよう」

という入札案件を制限する傾向にもつながりますので、これは完全に悪循環です。

一方で成長する企業は、公共工事を「掘り出しもの探しゲーム」と考えます。

「こんなライバルが少ない入札案件があった」

「この発注者なら上のランクに登録できる」

このように自社の創意工夫次第でいかようにもなる、と考えるのです。

決して「安売り競争」に走らないでください。

入札価格よりも大切なことは、ライバルが少ない入札を探すことです。

発注者は全国に7000以上あるわけですから、入札は探せばいくらでも見つかります。

入札案件を楽しんで探していきましょう。

固定概念を外し、ルールに従って売上10億円を超えていけ

本章では先入観や固定概念を10のルールとともに紹介してきました。**先入観や固定概念を外していくこと**で10のルールに沿った取り組みができるようになり、成長スピードが加速していきます。

どれくらいのスピードで成長が可能かと言うと、「売上が倍々」になるイメージです。例えば売上が5000万円の建設会社があったとすると、年ごとの売上は1億円、2億円、4億円、8億円と増えていくイメージです。

しかもこれは大げさな話ではなく、むしろ控えめに表現しています。

理想的なモデルケースの場合で考えると、公共工事の実績がまったくのゼロの会社であったとしても4年で売上10億円を突破することが可能です。

次章の第3章では、どのようにすれば実績ゼロの状態からの急成長が可能となるのか、その答えを5つのステージごとに解説します。この5つのステージは、いわば目的地への最短ルートを示した地図です。10のルールを押さえながら第3章で紹介する5つのステージを実践することで、あなたの会社は最短最速で売上10億円を達成できるようになります。

いますぐページをめくり、その答えを手に入れてください。

第2章　まとめ

●公共工事にはＢtoＢやＢtoＣとは異なるルールがある
●ルール１：いくつもの業種区分で入札を行う
●ルール２：新たな発注者を開拓し続ける
●ルール３：広いエリアで入札案件を探す
●ルール４：「経験のない価格帯」にも入札する
●ルール５：定期的な入札のために探し方を変える
●ルール６：戦略を考えたうえで手続きを自社で行う
●ルール７：上のランクを目指して経審対策に力を入れる
●ルール８：「工事の落札」を中心に考える
●ルール９：資格はあって当たり前と考え工事の数を増やす
●ルール10：入札は「掘り出しもの探しゲーム」と考える
●固定概念を外せば売上は倍々で増やしていけるようになる

第3章
最短最速で売上10億円を実現する5つのステージ

最短最速で売上10億円になる「5つのステージ」

第3章では、公共工事の経験がまったくない建設会社が、10億円の売上を公共工事だけで得るまでの成長段階をお伝えします。

この成長段階にはステージ0からステージ4までの5つがあります。私はこれを「5つのステージ」と呼んでいます。

ステージ0は「戦略立案」、ステージ1は「実績作り」、ステージ2は「継続受注」、ステージ3は「単価UP」、ステージ4は「レバレッジ」です。（図9）

この5つのステージを知ることで、今自分の会社が何をゴールに頑張ればいいのか、何を取り組んだらいいのかが明確にわかるようになります。

逆に5つのステージを知らないで公共工事に取り組んでしまうと、ゴールがわからないままガムシャラに走り続けなければならなくなります。

そのような状態ですと非効率な取り組みになるため成長スピードは遅くなります。

また、壁にぶつかったときにそれ以上の成長を諦めてしまいます。

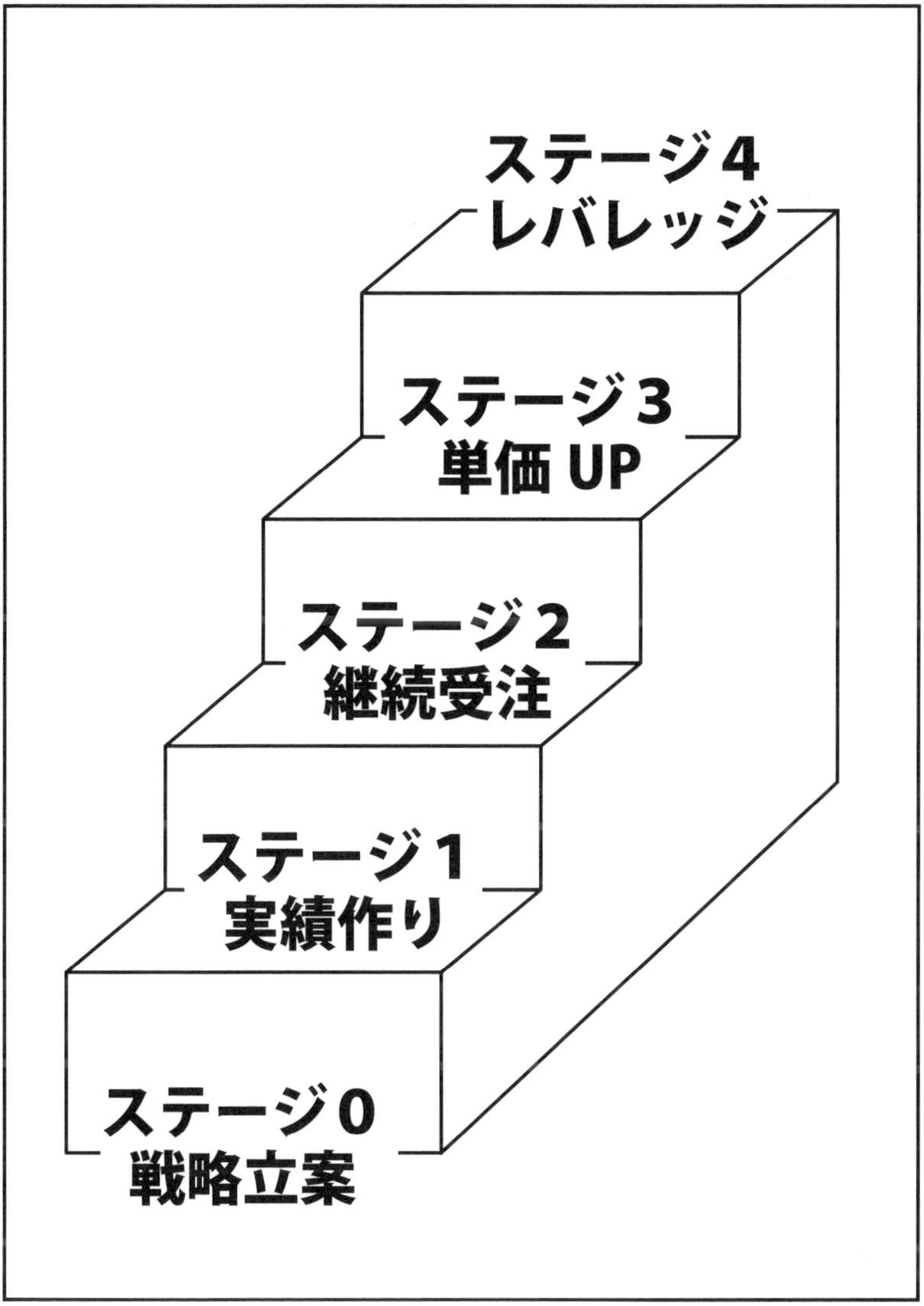

図9：公共工事の新規参入における5つのステージ

最短最速で売上10億円を達成するには、この5つのステージを知り、ステージごとに順番に取り組んでいくことが大切なのです。ステージを1つずつ順番にクリアしていくことで、10億円の売上を最短最速で得られるようになります。

なお、ここで言う10億円以上の売上とは、公共工事単独での売上です。他の事業とのシナジー効果も出てきますので、売上10億円を達成した時には、他の事業と合わせて十数億円の建設会社になっていることでしょう。

ステージごとの売上目安を把握せよ

「5つのステージって、それぞれのステージでどれくらい稼げるの？」

この答えとして、図10に理想の成長モデルを示しました。

公共工事単独での売上0円の状態から、4年で10億円をラクラク突破しています。これは公共工事にまったくの未経験の建設会社が、ステージ0から取り組んだ場合の理想的な売上の成長モデルです。落札単価と落札数も目安としてわかるように図に描いています。

それでは1年目から一緒に見ていきましょう。1年目は3件の落札で年間合計6000万円〜7000万円の売上目安です。落札単価はどれも2000万円程度で描いていますが、実際には数百万円の工事もあれば、4000万円以上の工事を落札することもあります。利益率が20％とすると1200万円〜1400万円が利益となる計算ですが、初期の段階では実績作りのために利益率が低くても入札をしていきますので、利益が1000万円以下になることもあると思っておきましょう。

ステージ0とステージ1は、利益よりも実績をつくることを優先させる段階です。発注者ごとにどれだけ早く1件目の落札を実現するかということに視点を当てることが大切です。

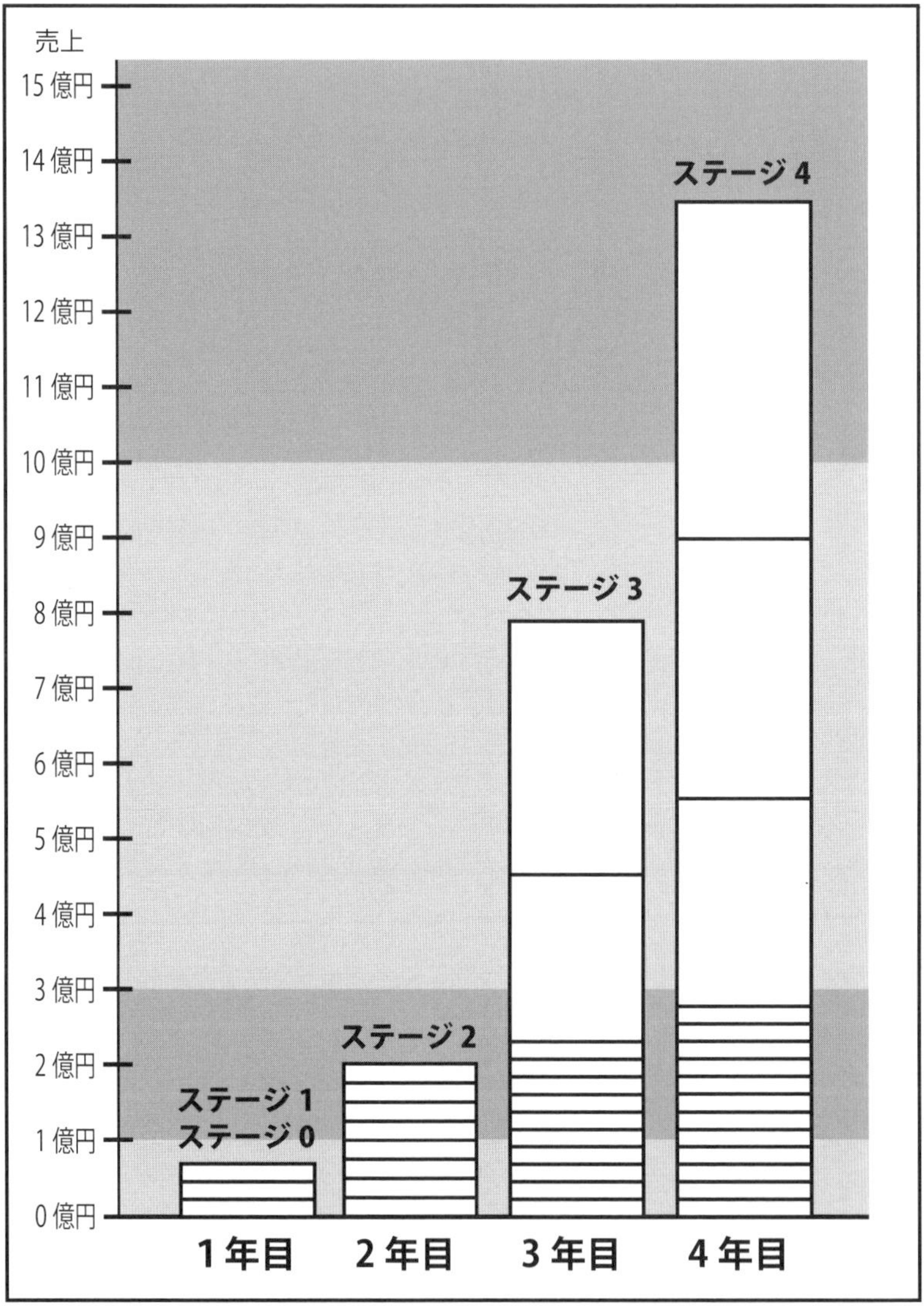

図10：公共工事の新規参入における理想的な成長モデル

2年目は8件の落札で2億円の売上としています。落札単価は1年目と同じ2000万円程度としていますが、利益率は20％が見込めます。4000万円の利益が出るということです。

3年目は12件の落札で8億円近い売上です。利益率が20％として、1億6000万円が利益となります。数億円の落札を2件することで、一気に売上と利益が大きくなっています。

4年目は15件の落札で、13億円を超える売上として描いています。利益率20％で計算すると、2億6000万円以上の利益です。

このように、実績がない中では1年目こそ利益が出しにくいわけですが、実績さえ手に入れば億単位での成長を実現できます。

しかも、1年目に売上1億、2年目に売上2億、3年目に売上3億……、というような直線的な成長ではありません。

まったくの売上ゼロから、たった4年で売上10億円を超えるビジネスが他にあるでしょうか。

嘘のような急成長を実現する秘密が、5つのステージにはあるのです。

ゴールが分かれば目的意識は自然と持てる

５つのステージには、ステージごとにゴールがあります。このゴールを知るだけで、**「どうすれば早くゴールに到達できるのか」という目的意識を持つことができるようになります。**この目的意識が、公共工事において売上を伸ばし続けるためにはとても重要です。

「よくわからないから、できることからはじめていこう」

このようにやみくもに取り組んでしまうと、少しうまくいかないだけでしびれを切らして

「公共工事は儲からない！」

と諦めてしまいがちです。

５つのステージのゴールがわかっていれば、ゴールを順番にクリアしていくだけでいつのまにか10億円以上の売上が安定的に出せる企業へと成長していけるのです。５つのステージのゴールを図11に示しました。

まずステージ０のゴールは、戦略立案です。戦略に合わせた手続きを行うことも含めて、戦略立案だと思ってください。このときの戦略とは、ステージ1をクリアするための戦略です。

ステージ	売上目安 （公共工事のみ）	ゴール
ステージ 0 戦略立案	0	戦略立案
ステージ 1 実績作り	数百万円〜 数千万円	発注者ごとに 1 件の落札
ステージ 2 継続受注	数千万円〜 数億円	特定建設業許可 の取得
ステージ 3 単価 UP	数億円〜 10 億円	年間売上超 の工事落札
ステージ 4 レバレッジ	10 億円以上	業務提携 ・M&A

図 11：5 つのステージごとの売上目安とゴール

ステージ1のゴールは、1件の落札を得ることです。**1件の落札により「公共工事における実績ありの会社」とみなされるようになり、入札できる対象は大きく広がります。**

ステージ1のゴールは発注者ごとに1件の落札を得ることですが、落札できた発注者に関しては先にステージ2に進んでもよいでしょう。

まだ落札ができていない発注者に関してはステージ1での実績作りを行いながら、すでに落札ができた発注者に関してはステージ2を進めるのです。

ステージ2のゴールは、特定建設業許可の取得です。特定建設業許可の要件に「純資産4000万円」がありますので、**ステージ2では利益も確保してくださいということです。**

ステージ3のゴールは、前年度の売上を超える単価の工事を1件以上落札することです。前年度の売上が2億円だとしたら、2億円以上の工事を落札するのがゴールです。

ステージ2までに取り組んだ公共工事への対策のおかげで、ステージ2までとは違った大きな単価の工事を落札していくことができます。

ステージ4のゴールは、業務提携とM&Aです。ステージ3までの取り組みを通じて、業務提携に必要となる素地が既にできています。

また業務提携やM&Aを行う際に必要となる「企業を見る目」も養われています。

ステージ4では、業務提携やM&Aを用いることで、ステージ3よりもさらに大きな売上をもっと楽に上げられるようにするのです。イメージは、**放っておいても利益が上がっていく状態です。**銀行が仕事を紹介してくれるようになったり、下請会社がM＆A先を紹介してくれたりと、労せず売上が立っていくようになるのです。

このステージ4こそが、建設会社の経営者としての醍醐味です。ぜひあなたにこの醍醐味を味わってほしいと思います。公共工事は、このステージ4に到達するための最短距離だとも言えます。

次項より、それぞれのステージを詳しく解説していきます。

《ステージ0》3つの情報を収集せよ

ステージ0は、戦略立案のステージです。戦略立案のポイントは情報収集です。

公共工事は、入札に関する情報を公開しています。では、どんな情報を収集すればいいのでしょうか。その答えは、3C分析にあります。

3C分析とは、「市場」(Customer)、「競合」(Competitor)、「自社」(Company)の3つの情報を集め、それを元に戦略を考えるというものです。(図12)

3C分析の1つ目の「市場」とは、公共工事においては「発注者」を意味します。

発注者の情報には、

・公共工事には、どんな発注者が存在するのか。
・どの発注者に何社の企業が登録しているか。
・どの発注者がどんな入札公告をしているのか。
・落札した企業はどこなのか。
・落札金額はいくらなのか。

などを調べることで、「市場」をつかむのです。

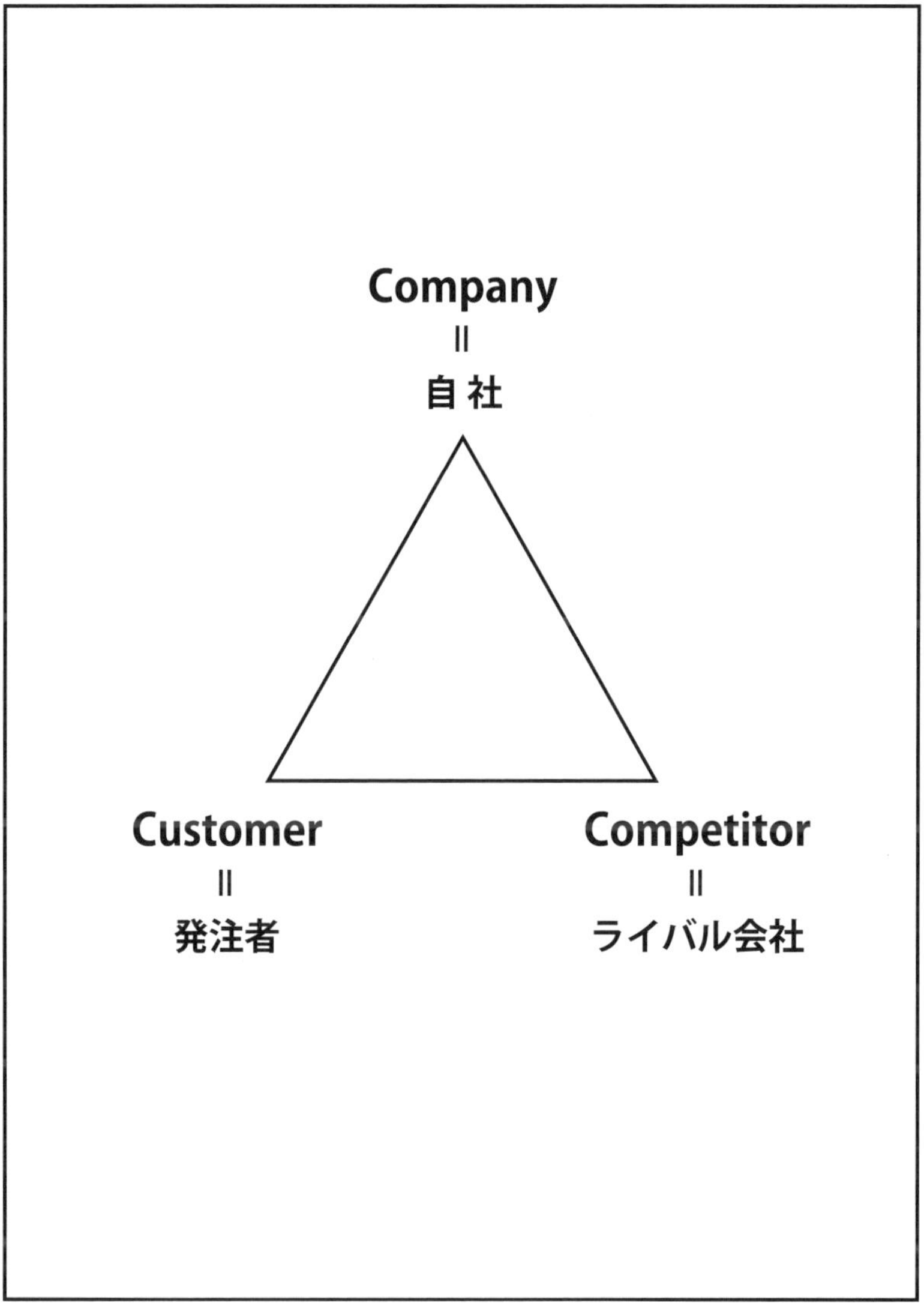

図 12：公共工事の 3C 分析

3C分析の2つ目の「競合」とは、同じ入札に参加している「ライバル会社」です。

まだ入札をはじめていないステージ0においては、過去にすでに実施された入札案件に入札していた会社を「仮想ライバル」として設定し、調べるのです。

ライバル会社の情報には、

・どんな工事を行っているか
・工事を年間でどれだけ行っているか
・どんな入札に参加しているのか
・いくらで入札しているのか
・経審の点数は何点か
・社員数や資格者数はどれだけいるのか

などの「競合」の情報を調べることで、自社との比較ができるようになりますので、自社に足りないものがわかり、公共工事の対策を効率よく打つことができます。

3C分析の3つ目の「自社」は、文字通り自社についての情報です。このとき、目線は過去だけではなく未来にも向けることが重要です。

・どんな工事を「行っていくか」
・工事を年間でどれだけ「行っていくか」

- どんな入札に「参加していくか」
- いくらで入札「していくのか」
- 経審の点数は何点「にしていくのか」
- 社員数や資格者数は「何人増やすのか」

といったことを考えていくのです。

「市場＝発注者」、「競合＝ライバル」を調べることにより、自社の方向性を決めるということです。

以上のように、３Ｃ分析を行うことで、公共工事に最適な会社にするために、自社がどのような戦略を取るかが明確になっていきます。

３Ｃ分析による戦略づくりは、どのステージにおいても継続して行うことになります。ステージ０においては「ステージ１をいち早くクリアする」ための戦略をつくりましょう。

そのために重要な目線は、「どの入札に参加すればライバルが少ないか」です。この目線を持ちながら、３Ｃ分析を通じて自社のあるべき姿を見つけましょう。

《ステージ0》戦略は「4つのタグ」で考える

戦略を考えるにあたっては「3C分析」が大切だとお伝えしました。この他に公共工事のおいて必ずおさえるべき視点が「4つのタグ」です。（図13）

公共工事における戦略は、この「4つのタグ」で考えましょう。**4つのタグとは「業種区分」「発注者」「価格帯」「エリア」のことです。**この4つのタグは、3ステップで選んでいきます。ステップ1は、「4つのタグの仮選択」です。まずは、ご自身の考えのままに4つのタグを選びましょう。選ぶのは簡単だと思います。

たとえば「業種区分」は塗装、「発注者」は新潟県庁と新潟市、「価格帯」は5000万円以上、「エリア」は新潟県、というように4つを選ぶのです。

これら初めに選んだ4つのタグは、後から必ず変わります。「あくまで仮のものだから、間違っていてもいい」というくらいに考えておきましょう。

図 13：4 つのタグ

なぜならば、ご自身の考えを元に4つのタグを選んだ場合、過去に自社が行ってきた工事をイメージして選んでいるからです。

しかし、過去に自社が行ってきた工事と同じようなものに入札することが、ステージ1をいち早くクリアするための戦略として正しいという保証はありません。

そこで次のステップ2が重要となります。

ステップ2は、「入札案件を調べる」です。4つのタグを選んだら、その4つのタグにおける入札案件を調べて、どんな入札が行われているかを実際に調べてみるのです。調べるべきことは2つあります。

1つ目は「実績がなくても入札できるか」です。入札できなければ落札しようがありませんから、入札できる案件が十分にある必要があります。

2つ目は「ライバルが少ないか」です。ライバルが少ないほど、落札確率は上がります。ステップ1で選んだ4つのタグで調べても、この2つの条件を満たしていることはほぼほぼないはずです。

このように先に調べないで公共工事を始めようとしても、うまくいかないのは当たり前だと言えるのです。

ステップ3は、「4つのタグの再選択」です。ステップ1で選んだものとは異なる4つのタグを選びなおし、入札案件を調べることで、2つの条件を満たすものを探していくのです。

例えば、**「発注者」**を変えるだけでも2つの条件を満たしたというケースがあります。地元の市ではライバルが多い一方で、隣の市ではライバルが少なかった、なんてことがよくあるのです。また、地元の市だと実績が問われる物件がほとんどだったが、隣の市だと実績不問の物件が多くあった、という感じです。

実際に調べることでのみ、ライバルの少ない穴場が見つかるのです。発注者を変えるだけで穴場が見つかればいいのですが、難しい場合は**「業種区分」**も変えて調べてみましょう。さきほどの例では「業種区分」を塗装としました。塗装工事がメインの会社であっても、別の業種区分で登録した方が入札できる案件が多いのならば、塗装以外にも登録するべきです。

「エリア」についても会社の事務所がある場所にこだわる必要はありません。隣の県でもいいのです。新潟県にある会社であれば、隣の県だけを見ても、山形県、福島県、群馬県、長野県、富山県と5つの県があります。

そもそも、隣の県でなければならない理由はありません。新潟県の会社が東京の公共工事を行ったっていいのです。地元の企業が入札で優遇されるなどの条件がある場合は、そのエリアに事務所をつくるか、移転してしまうのも1つの手です。

「発注者」も、県と市だけではなく、国の機関を候補に入れましょう。

「価格帯」もあなたが考えていなかった小さな金額、または逆に大きな金額の工事の方が、競争が少なく落札しやすい可能性があるかもしれません。

このように「4つのタグ」を使って先入観や固定概念を外して調べていくと、「これだと落札しやすそうだぞ」というような4つのタグの組み合わせが見つかるのです。

入札をすでに行っている会社がどのような4つのタグの組み合わせを選んでいるのかも合わせて調べることが必要です。

これなら稼げそうだ、という4つのタグの組み合わせが見つかったら、それこそがあなたの会社にとっての「戦略」になるのです。

《ステージ0》戦略に合わせて手続きを進めよ

４つのタグのいい組み合わせが見つかったら、戦略立案はいったんＯＫです。なぜ「いったん」かと言うと、入札に必要な３つの手続きを行った際に、戦略に必要な条件が揃わない可能性があるからです。

３つの手続きとは、「建設業許可」「経審（経営事項審査）」「入札参加資格」です。公共工事に参入するにはこの３つの手続きを行わなければなりません。これらの手続きは、４つのタグのうちの３つと対応しています。（図14）

建設業許可は、業種区分と対応しています。業種区分の中で、新たに建設業許可が必要となるものがあれば追加で取得してください。このとき、建設業許可がすぐに取れない業種区分があれば、戦略を変更しなければなりません。

入札参加資格は、発注者と対応しています。建設業許可と経審を発注者に提出し、入札参加資格の手続きを行います。建設業許可と経審さえ手続きができれば、ここでつまずくことはないでしょう。

経審は価格帯を決める入札ランクと対応しています。入札ランクが低いと高い価格帯の案件に入札できませんから、事前に点数アップを行うことが大切です。４つのタグで選んだ価

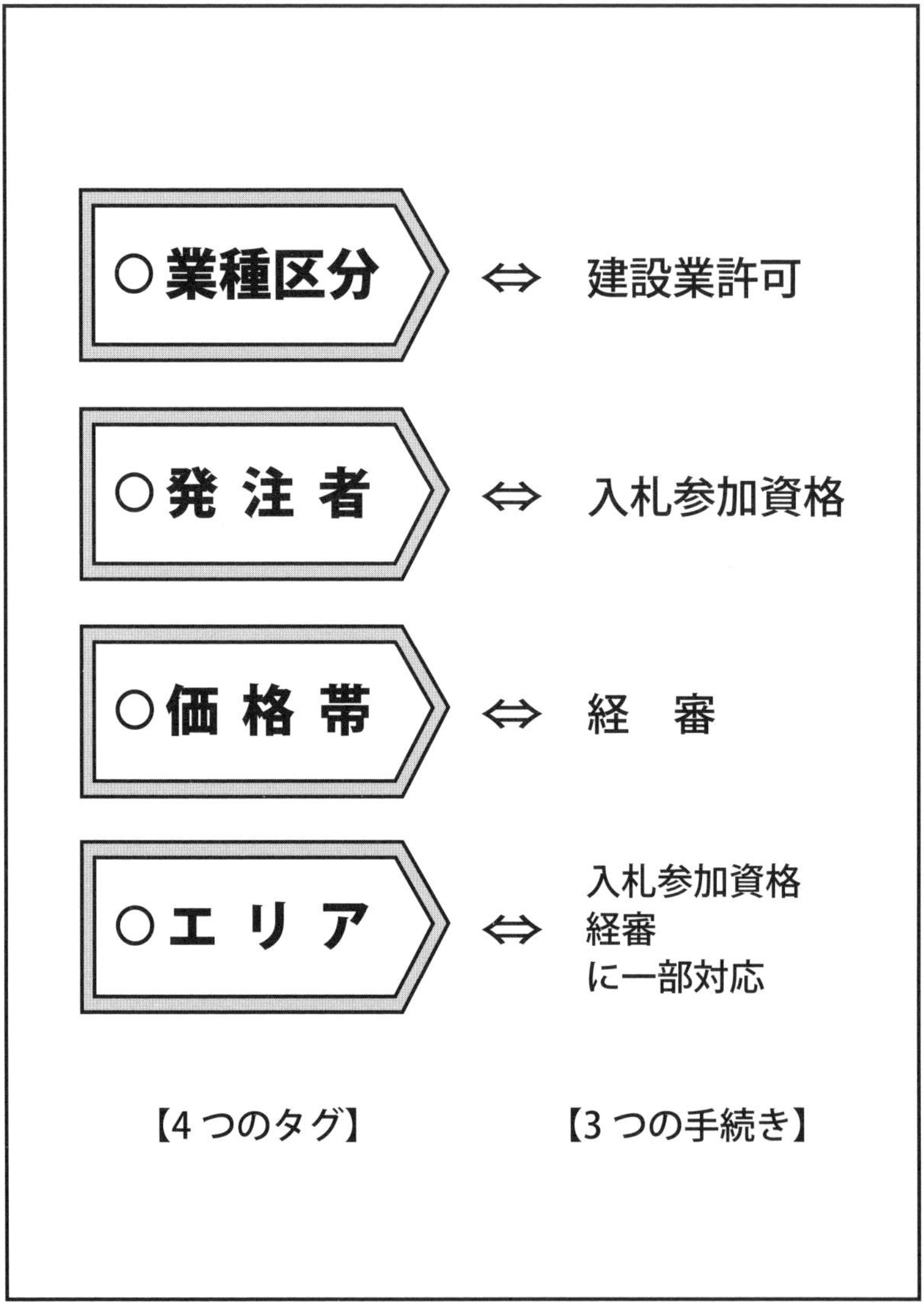

図 14：4 つのタグと 3 つの手続き

格帯で入札するのに必要な経審の点数を調べ、その点数を目指して経審対策をするのです。

経審の点数は、複数の要素で決まりますが、要素の中には短期間で対策を打てるものもあります。

複数の要素とは、具体的には「完成工事高」「自己資本額」「平均利益額」「技術職員数」「経営状況」「その他の審査項目（社会性等）」の6項目です。

これら6項目のうち、「その他の審査項目（社会性等）」については、短期的に上げることが可能なものがあります。

たとえば、雇用保険や健康保険、厚生年金保険などの社会保険または民間の損害保険加入するだけで点数があがります。

決算が近い場合は、決算書対策を行うことで「経営状況」の点数をあげることも可能です。

これらの短期的な対策を実施しても

「狙っている入札ランクに必要な経審の点数が足りない」

という場合には、前項の3ステップをやりなおし、戦略を変更しましょう。

3つの手続きのうち、特に重要なのが経審についての考え方です。

ステージ0における経審の考え方について次項以降でも見ていきましょう。

《ステージ0》経審対策に時間をかけすぎるな

「戦略に合わせて経審の点数をあげていこう！」

と考えるのは正解なのですが、

「経審の点数をあげてから公共工事に参入しよう」

と考えて参入のタイミングが遅くなってしまうのはよくある間違いです。

ステージ０においては、４つのタグで戦略を考えたら経審対策は「ぱぱっと」手早く済ませ、必要な手続きを完了し、入札をいちはやくスタートする方が重要です。入札することで、見えてくるものがあります。ステージ０で実際に調べて４つのタグの組み合わせを考えますが、入札することでさらに視野が広がり、３Ｃ分析の精度がより高まります。

「ステージ0はスピードが命」

と肝に銘じてください。

その上で経審対策で大切にしてほしいのは、土俵を自分で選ぶという意識です。

たとえば、あなたが選んだ業種区分と発注者において、あなたが狙っている価格帯の入札に参加するには「Ｂ」の入札ランクが必要だったとしましょう。

しかし、自社の入札ランクは「Ｃ」だった。

「あぁ、ダメだ。うちの会社はBランクの入札には参加できない」

「仕方ない、まずはCランクの入札からはじめよう」

普通はこうして引き下がってしまうのですが、それではいけません。

あと何点あればいいのかを調べて、経審対策をして点数アップを図るのです。

入札ランクは、例えるならば土俵です。

「どの土俵で戦ったら、自社にとって有利なのか」

をステージ0で考えるのです。

経審対策を行うことで、自らの力で土俵を勝ち取るのです。

例えば、経審の点数を仮りに出してみたところ、狙っていた入札ランクに必要な点数まで50点足りなかったとしましょう。その場合、経審対策によって50点の点数アップを図るのです。往々にして、ほとんどの経営者は
「公共工事をたくさん受注して経審の点数があがったら、その土俵に上がろう」

というように、「○○したら、○○しよう」という考え方をしてしまいます。

それでは、

「その土俵にいけないのは、まだ1件落札できないからだ」

という言い訳につながってしまいます。

「〇〇したら、〇〇しよう」ではなく、「〇〇するから、〇〇できる」というように、自らの力でコントロールする考え方に変えていくことが大切なのです。

経審の手続きを自社で行うことで、何をすれば点数が上がるかもわかるようになります。

「経審を何点にしよう」

という目標を作ったら、その目標に向かってできる範囲で取り組んでいけばいいのです。

ただし、くり返しになりますが、とにかく入札を早く始めることが重要です。経審対策に時間をかけ過ぎないで、入札参加しましょう。

《ステージ0》経審の手続きは行政書士に頼むな

4つのタグの組み合わせを事前に調べていない企業は、何の考えもなしに入札に必要な手続きを進めようとします。2章でもお話ししたように、必要な手続きを行政書士に代行してもらおうとする企業が9割以上ですが、これが失敗の原因です。なぜなら行政書士は公共工事のプロでもなんでもないからです。

（1）建設業許可
（2）経営事項審査
（3）競争入札参加資格審査

の3つの手続きは、**あくまで戦略に基づいて行う必要があるのです。**

では4つのタグを調べ、戦略を考えてからであれば行政書士に頼んでよいかというと、それも違います。自社で3つの手続きをご自身で経験することによって、公共工事の仕組みを理解するのに役立つからです。

たとえば（1）の建設業許可の取得を経験しておくと、追加で業種区分を登録するときも楽にできます。（2）の経審を自社で申請すれば、経審の点数がどのように決まるのかを理解しやすくなり、経審対策がスムーズに進みます。（3）の競争入札参加資格審査についても、自社で申請することで発注者への理解が深まり、発注者ごとの入札対策がスムーズに進むようになります。

「行政書士に頼んだ方が楽だし、確実だし、早いのでは？」

と思うかもしれませんが、そんなことはありません。自社で取り組むことによって公共工事の仕組みがわかりますので、公共工事で稼ぐという目的からすると、行政書士に頼まない方がむしろ近道なのです。

「自社で取り組んだ方がよっぽど早かった」

というクライアントも多くいます。

特に公共工事について知識がないうちは、行政書士から間違った情報が入ってしまうのも危険です。行政書士に頼もうとしている社長に対しては、

「B to BでもB to Cでも仕事をくれる先の情報は自分で調べるでしょう」

「どうして公共工事になると仕事をくれる発注者とコンタクトを取れるチャンスを捨てて、行政書士に頼るのですか？」

と伝えると、はっと気づかれます。

長い目で見た場合にも、経審や競争入札資格申請については、1回だけでなく複数回行うものですから、自社で取り組んだ方がよいと言えるでしょう。

《ステージ0》行政書士にとって公共工事はおいしくない仕事

行政書士の言うとおりにしたら落札できる。このような思考停止に陥ってしまうようでは、経営者失格です。行政書士の先生の言うとおりにして落札できるのならば、世の中には公共工事で稼いでいる会社であふれかえっているはずです。

ところが現実は、公共工事をはじめようとしても、結局1件も落札できず、

「やっぱり公共工事はうちには無理だった」

とあきらめる企業がほとんどなわけです。

これは、わたしの知り合いの行政書士の先生から聞いた話です。

「2年目以降の経審の手続きをしない会社がほとんどです」

「ほとんどとは、どれくらいの会社ですか？　10社あったら……」

「10社あったら9社ですね」

つまり、10社中、少なくとも9社は、入札しても落札できないから、

「入札資格なんてもういらないよ」

と判断し、入札することすら止めてしまったということです。

さらに行政書士の先生は続けます。

「経審の手続きは、1年目よりも2年目の方が楽になる。それを期待していたのに、みなさんやめちゃうんですよね」

「だから、行政書士にとって経審の手続きは人気がありません。人気のある仕事は、建設業許可です」

すかさず私はお尋ねしました。

「えっ？　建設業許可の方が、人気があるのですか？」

　建設業許可は5年に1度の更新です。経審の手続きは1年に1度の更新。ですから経審の手続きの方が人気のある仕事だと思ったわけです。

　ところが行政書士はこう言うわけです。

「経審の手続きでも、2年目につながらなければ意味がありません。5年に1度の建設業許可の方が、よっぽど効率がいいんですよ。建設業許可はほとんどの会社が更新しますからね」

　どうです？　おわかりいただけましたか？　**行政書士の先生方は、落札できずに止めてしまうという事実に対して、何とも思っていないのです。**

「2年目につながるよう、どう指導しようか」

　と考えるのはコンサルタントの考え方であって、行政書士は

「仕方ない、じゃあ別の仕事にするか」

としか考えないのです。

コンサルティングが仕事ではないので、あたりまえと言えば、あたりまえです。あくまで、書類作成の代行を行うのが行政書士の仕事ですから、それで行政書士を非難するのは間違っています。行政書士の先生に公共工事の相談に行くのは、いかにばかげたことかがわかったのではないでしょうか。

《ステージ1》いよいよ入札スタート！

ステージ0で立てた戦略に合わせて「建設業許可」「入札参加資格」「経営事項審査」の3つが取得できたら、入札をスタートします。

ステージ1は実績を作るのが目的ですから、利益が少ないのは気にせずに、入札できる案件があったらどんどん入札していきましょう。公共工事は、過去の公共工事の実績がないと入札できない案件ばかりです。

「入札できないから実績がつくりにくい」

というジレンマを乗り越えるのがステージ1です。実績がない会社でも入札できる案件は、発注者ごとに数は異なりますが、おおよそのイメージとしては100件中数件程度でしょう。入札参加資格を取得しても、その発注者が募集しているすべての入札に参加できるわけではないのです。入札をし続けること自体がステージ1では難しいことであり、そのハードルを乗り越えて1件の落札を勝ち取るのがステージ1のゴールなのです。

このジレンマを乗り越えるために、ステージ0で戦略を練ったのです。つまり実績がなくても入札できる発注者と価格帯を事前に見つけているからこそ、ステージ1で入札を行っていくことができるのです。

《ステージ1》4つのタグを動かしてステージ1をクリアせよ

ステージ0で事前に4つのタグで調べてから入札を始めたことで、入札ができる案件がまったくないということはないはずです。しかしながら、入札を始めたことで見えてきた問題点もあるでしょう。

ステージ1をいち早くクリアするには、ステージ0で考えた発注者だけに固執せずに、新たに発注者を開拓していくことが最善の策です。ステージ1で発注者を増やしておくと、ステージ2で利益を確保しやすくなりますので、ステージ1での苦労は無駄になりません。発注者を増やしておけば、次のステージ2が楽になると考えましょう。

発注者を開拓するために重要なのが、ライバル分析です。図15に示すように、ライバル分析は入札を行うごとに行います。落札できなくても、ライバル分析を行うのです。

むしろステージ1においては、

「ライバル分析をするために入札する」

と極端に考えた方がよいかもしれません。

「ライバル分析を何回も行う中で、ようやく1件の落札が得られる」というくらいに考えるのがちょうどよいということです。

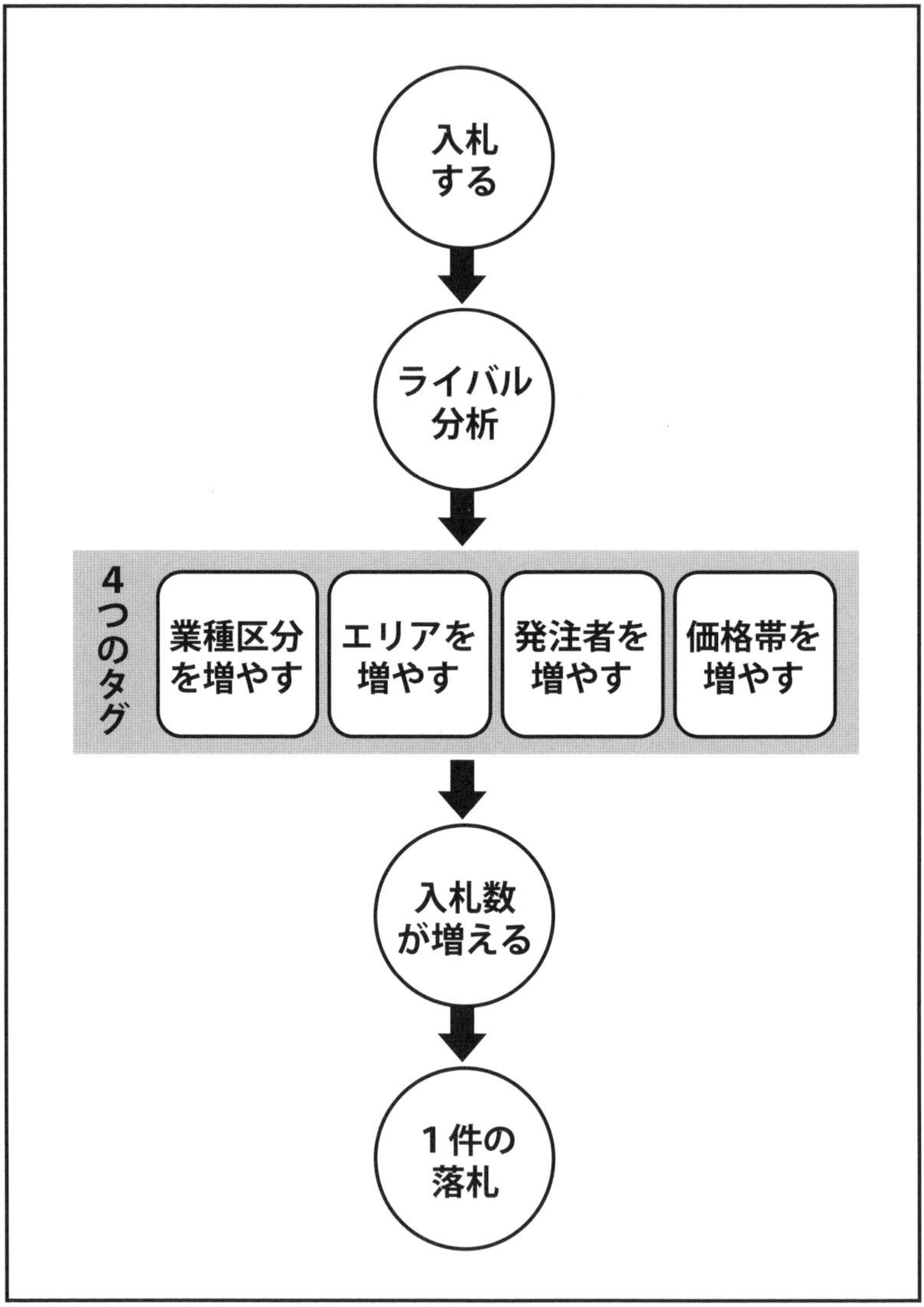
入札
する
ライバル
分析
4つのタグ
業種区分
を増やす
エリアを
増やす
発注者を
増やす
価格帯を
増やす
入札数
が増える
1件の
落札

図15：ステージ1

ライバル分析によって、ライバルがどのような4つのタグの組み合わせを選んでいるのかを調べましょう。**ライバル分析は、新たな発注者や新たな価格帯など、新たな4つのタグの組み合わせを見つけるために行うのです。**

ステージ0では過去に他社がどのような案件に入札しているかを調べました。ステージ1では現在の案件に実際に入札してライバル分析をするわけですから、本気度も違ってきます。

ステージ0に比べてより精度の高いライバル分析ができるようになります。

自社と同じ案件に入札している会社が、他にどんな発注者に入札しているかを調べるとよいでしょう。自社が入札した案件に同じく入札している会社を調べることで、入札案件を効率よく見つけることができるというわけです。自社と同じ業種区分の会社が、ほかにどのような業種区分で登録しているかを調べることで業種区分の固定概念も外れやすくなります。エリアや発注者、価格帯の固定概念も同様に外れやすくなります。

こうして4つのタグについての固定概念を外していくことで、結果的に入札数を増やし、1件の落札をいち早く実現するのです。

《ステージ1》業種区分を増やすために資格者対策をはじめなさい

ステージ1で入札できる案件が少ない場合は、業種区分を変えることが大きな突破口となることがあります。

しかし、業種区分を増やすには、該当する業種区分における資格者が必要です。なぜなら、業種区分ごとに建設業許可が必要となるためです。建設業許可を新たに取得するにあたって、該当する業種区分における資格者が必要となるのです。

資格試験は1年に1回しか受験できませんから（二級施工管理士試験は年2回）、ステージ1をクリアするための施策として資格者を増やすのであれば、タイミングが合わない場合は人を雇うという選択しかできません。

その場合は、資格を持っている老齢な社員を新たに雇うのが定番の方法です。ただし、それはステージ1をクリアするための対応策であり、根本的な解決策ではありません。ステージ2で工事の受注数を増やすためにも、資格者対策は必須となります。

まずは、社員全員が資格者という状態を目指しましょう。**資格を取ることが会社の売上**

に直結することを社員に伝えていくのです。

そして自社の社員1人1人がどの業種区分でどの資格試験を受けるのかを計画するのです。業種区分に限らず、資格者は多ければ多いほど経審の点数が上がりますので、長い目で見ても公共工事に有利になります。

社員の資格の取得状況が、そのまま公共工事の戦略の幅につながります。ステージ2の準備という意味での資格者対策も、ステージ1の早い段階でスタートしておきましょう。

《ステージ1》定期入札を実現すれば、ステージ1はクリアできる

4つのタグを動かすことで、入札できる案件を見つけられるようになってきます。ここまでくれば、ステージ1のゴールである「1件の落札」が見えてきます。あとは入札回数を増やしていけば、遅かれ早かれ落札できることでしょう。

このようにお伝えすると、

「では今月は入札回数を一気に増やそう!」

と気合を入れて一気に入札回数を増やそうとする社長さんがいます。

一見、正しいように見えますが、間違いです。**正解は「定期的に入札する回数を決めよう!」です。**

ステージ1でおすすめしているのは、毎週1件以上の入札を行うことです。これは初めのうちはしんどく感じるかもしれません。しかし、基準を高く持つことで得られるメリットが2つあります。

1つ目は、入札するかどうかを迷わなくなります。ステージ1の段階では利益よりも落札結果の方が重要です。入札できる案件を見つけたならば、利益率が低くても入札するべ

きなのです。

定期的に入札する基準を持っていないと、

「もっといい案件が見つかったら入札しよう」

となってしまいがちです。

2つ目は、4つのタグを動かしやすくなります。

「毎週1件」という基準を守るのは厳しいと感じたときに、

「だったら4つのタグを動かさないといけないな」

のように、自然と4つのタグを動かそうという考えを持ちやすくなるのです。

入札案件が多い時期と少ない時期は、発注者ごとに異なります。

定期入札をすることで、

「今週は入札案件が少ないな」

というタイミングで新たな発注者を開拓することができるようになるのです。

公共工事は、短期集中で稼ぐモデルではありません。毎月安定的に入札するからこそ、安定的に落札することができ、売上を永続的に立てることができるようになるのです。

一時だけ頑張ればよいという短距離走ではなく、マラソンのように走り続ける長距離走だと思ってください。

《ステージ2》定期入札で、安定的な売上を手に入れろ

1件の落札ができたら、ステージ1はクリアです。次のステージ2で力を入れるべきことは4つあります。(図16)

1つ目が、定期入札です。すでにステージ1で定期入札に取り組んでいますが、ステージ2では「利益率」も考えた定期入札を行っていきましょう。

入札できる案件の数は、実績がなかったときとは比べ物にならないくらいに増えているはずです。たくさんの入札案件の中から、利益率が高いものを探し出して入札するのです。これを定期的に行い、継続受注を実現するのです。

利益率は20％以上を基準にしましょう。粗利ではありません。最終利益20％です。落札ペースは、年間8件を1つの目安としています。

工事単価が2000万円から3000万円だとすると、年間8件を落札したときの売上が2億、利益がおよそ4000万円になるのです。特定建設業許可の要件の1つに純資産4000万円がありますから、これと同等の利益が出ることになります。

つまり、年間8件の落札ができるように、定期入札の頻度をあげていくのです。

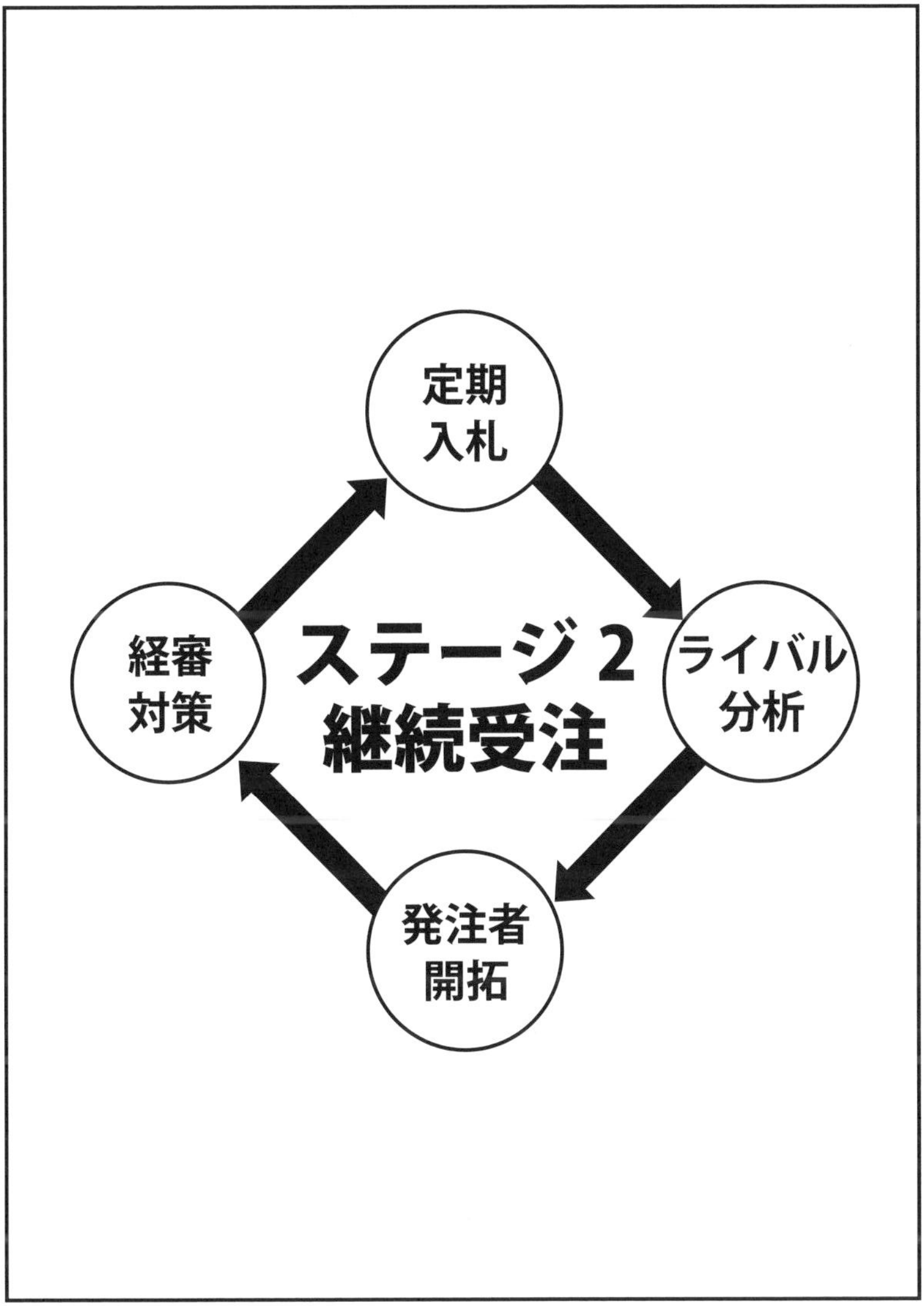

図 16：ステージ 2 における 1 ケ月の取り組み事例

ありがちなのが、1年のうち案件の多い時期にだけ集中的に入札を行い、落札件数を増やす会社です。案件の多い時期には、下請会社にとっても繁忙期ですから、下請会社に安い金額で工事を発注しにくい時期でもあります。つまり案件の多い時期には、利益率を大きく取りづらい傾向になるのです。**案件が少ない時期こそ、4つのタグを動かすことで案件を獲得することが、利益率を高くするためにも重要なのです。**

以上のように、ステージ2における定期入札は目線を「利益率」に向けて取り組みましょう。

2つ目が、ライバル分析です。ライバル分析を通じて4つのタグをそれぞれ増やしていくことは、ステージ1と同様です。ですが、ステージ2で参加する案件はステージ1とは大きく変わりますから、分析する相手も変わります。

ライバル分析を行う際には、ライバルが利益率をどのように考えているかという目線も重要になります。落札金額から離れた金額で入札している会社は、利益率を大きく取って入札をしている会社である可能性が高いです。その会社が参加している他の入札を調べることで、利益率が高く落札できる案件を見つけることができます。

3つ目は、発注者開拓です。ステージ1と同様に、ライバルが入札している他の発注者についても調べることで、発注者を開拓していくのです。

ステージ1での発注者開拓と異なるのは、利益を取ることを一番に考える点です。ステージ1では実績がない中でも入札できる案件があるかどうかで発注者を見ていきましたが、ステージ2では利益が出る案件が多いかどうかで発注者を見ていくのです。

4つ目は、経審対策です。ステージ2でライバル分析を行っていくと、

「入札ランクが上になるほど、利益率が高い工事がある」

ということや

「入札ランクが上になるほど、ライバルが少ない」

というようなことが見えてきます。

入札ランクがあがるほど単価が高くなるのはわかっていると思いますが、**それに加えて利益率やライバルの少なさと言ったことまで見えてくる**ことで、

「経審の点数を上げたほうが、もっと儲かるな」

ということが実感として湧いてくるようになります。

自社より上の入札ランクのライバルの経審を見ることで、自社の経審の点数のうちライバルに負けているのがどこなのかが明確になりますので、目標を立てやすくもなります。

《ステージ2》「経審対策」による好循環サイクル

ステージ2で毎月のように落札できるようになると、4割の前払金もありますのでキャッシュフローが改善され、経審対策にお金をまわす余裕が出てきます。経審対策を行うことで入札ランクがあげられると、さらにキャッシュフローがよくなります。

キャッシュフローがよくなることで、さらに多くの経審対策ができるようになるので、さらに入札ランクが上がる、という好循環が起きるようになります。

このように対策を1つ行うことで好循環が起き続けることを、「好循環サイクル」と呼んでいます（図17）。ステージ2で利益が出るようになると、この好循環サイクルを回すという意識を持つと良いでしょう。

経審対策の好循環サイクルは、入札ランクが上がることで利益率が高い工事やライバルが少ない工事を見つけられるようになるメリットがあります。

経審の点数が上がるのは1年に1回ですが、確実に会社を成長させるチャンスなのでこれを利用しない手はありません。

「次の入札ランクになるまであと何点必要か」

これは、発注者によって異なります。

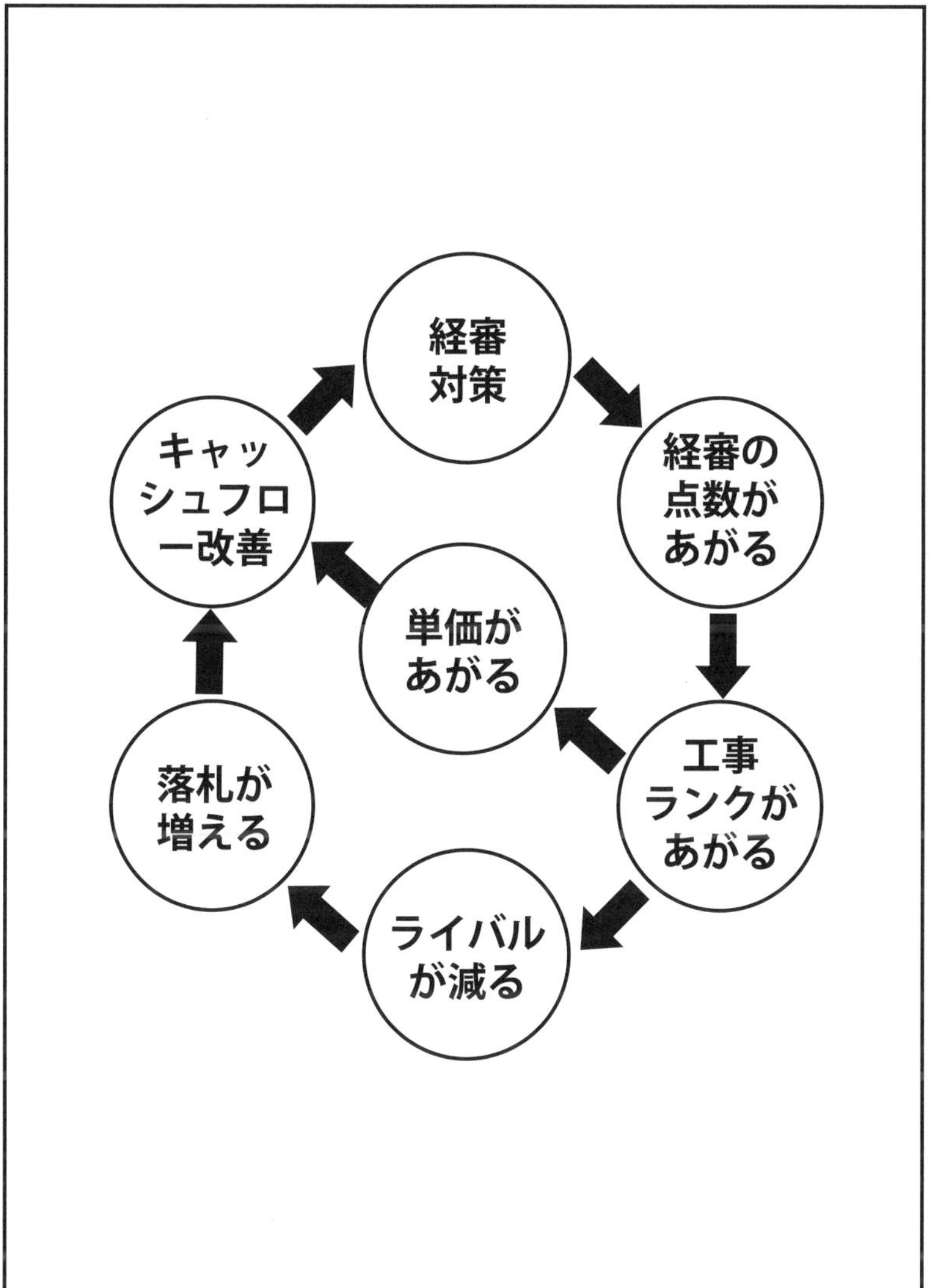

図 17：経審対策による好循環サイクル

経審対策に投資したお金や労力は何倍にもなって返ってきます。

また、経審対策を通じて会社が整備されて行きますから、副次的な効果として会社組織としてもどんどん強くなっていきます。

ステージ2からは、1年を通じて経審対策に力を入れると良いでしょう。

《ステージ2》「資格者対策」による好循環サイクル

ステージ1から取り組んでいる資格者対策も好循環サイクルを生み出します。（図18）

資格者が増えることで、資格者が専任で必要となるような工事の受注を増やすことができます。資格者が専任で必要となる工事を施工中の場合、その工事が終わるまでの間、他に資格者がいなければ入札できる工事に制限がかかってしまいます。

つまり資格者を増やすほど入札できる工事が増え、同時に資格者が必要となる工事を施工することも可能になるのです。

また、業種区分を増やしていくにあたっても資格者が必要となりますので、特定の資格者を戦略的に増やしていくことも大切です。

このように資格者が増えることで売上が上がりやすくなりますし、キャッシュフローも改善されます。つまり、**資格者対策をすることでさらに資格者対策にお金をかけられるようになるという好循環サイクルが回るのです。**

資格者を増やすことは経審対策の好循環サイクルを回すことにもなりますから、一石二鳥となる費用対効果の高い取り組みです。

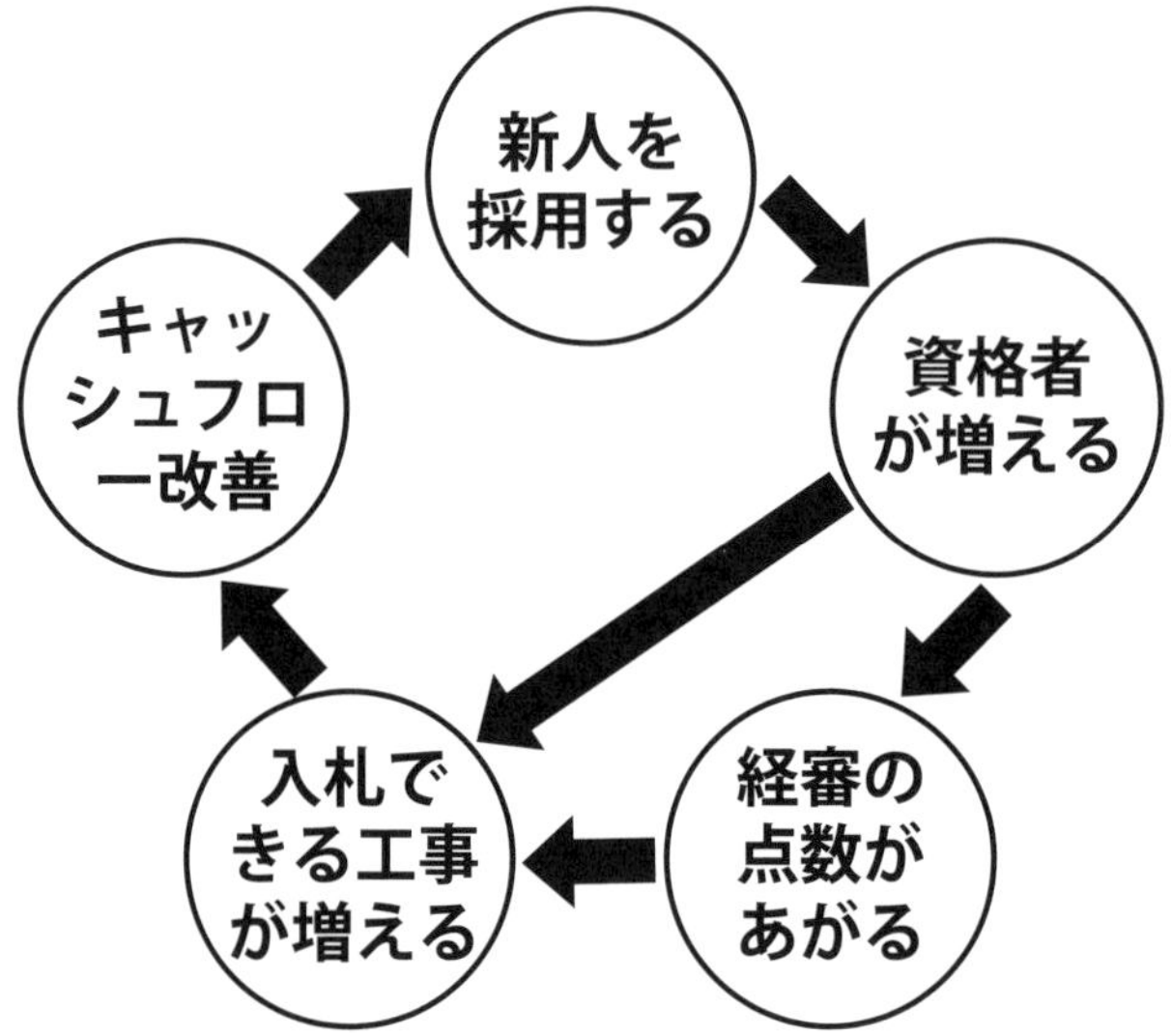

図 18：資格者対策による好循環サイクル

資格者を増やすには、まだ資格を持っていない人を雇い、その人に資格を取らせることでコストを抑えることができます。

若手の新人や女性社員を選ぶことで、さらに人件費を抑えながら資格者を増やすことが可能になります。理想は既存社員も含め、全員を資格者に変えていくことです。**そこで取るべき戦略は、「資格試験の受験必須ルール」をつくることです。**

「うちは、全員が資格試験を受験する。そういう決まりだから」

という決まりにしてしまうのです。

女性社員や、社歴が浅い若手社員が合格したら、しめたものです。

「ベテランなのに格好がつかない」

ということで、周りの社員が資格勉強への意欲が生まれるのです。

人は、「こうなりたい！」というようなポジティブな感情よりも、「格好がつかない」「示しがつかない」というようなネガティブな感情の方が行動へとつながります。

資格者を順調に増やしていった例として、次章の事例4のケーススタディで紹介していますので、そちらも読んでみてください。

《ステージ2》「下請会社対策」による好循環サイクル

ステージ2で公共工事を施工することが増えてきたら、下請の開拓による好循環サイクルも回していきましょう。

「下請の開拓は大変だよ」と思うかもしれませんが、発注する仕事があれば下請けを探せないなんてことはありません。落札してから下請けを探している私のクライアントもいるくらいです。

その会社はちゃんと利益を出し続けています。

ここで大切なのは、下請会社を開拓していくことで、**下請会社同士に競争原理を働かせることです。**

ある工事を下請に出す際、1社の下請け会社しか選択肢がなければ、価格面で多少高くてもお願いしてしまう場合が出てきます。そこで既存の下請会社との取引をただ続けるのではなく、新たに下請会社を開拓することで2社以上に見積もりを出してもらい、施工における原価を下げるのです。（図19）

原価が下がることで入札価格を低く出せるようになりますから、入札における競争力があがることになります。

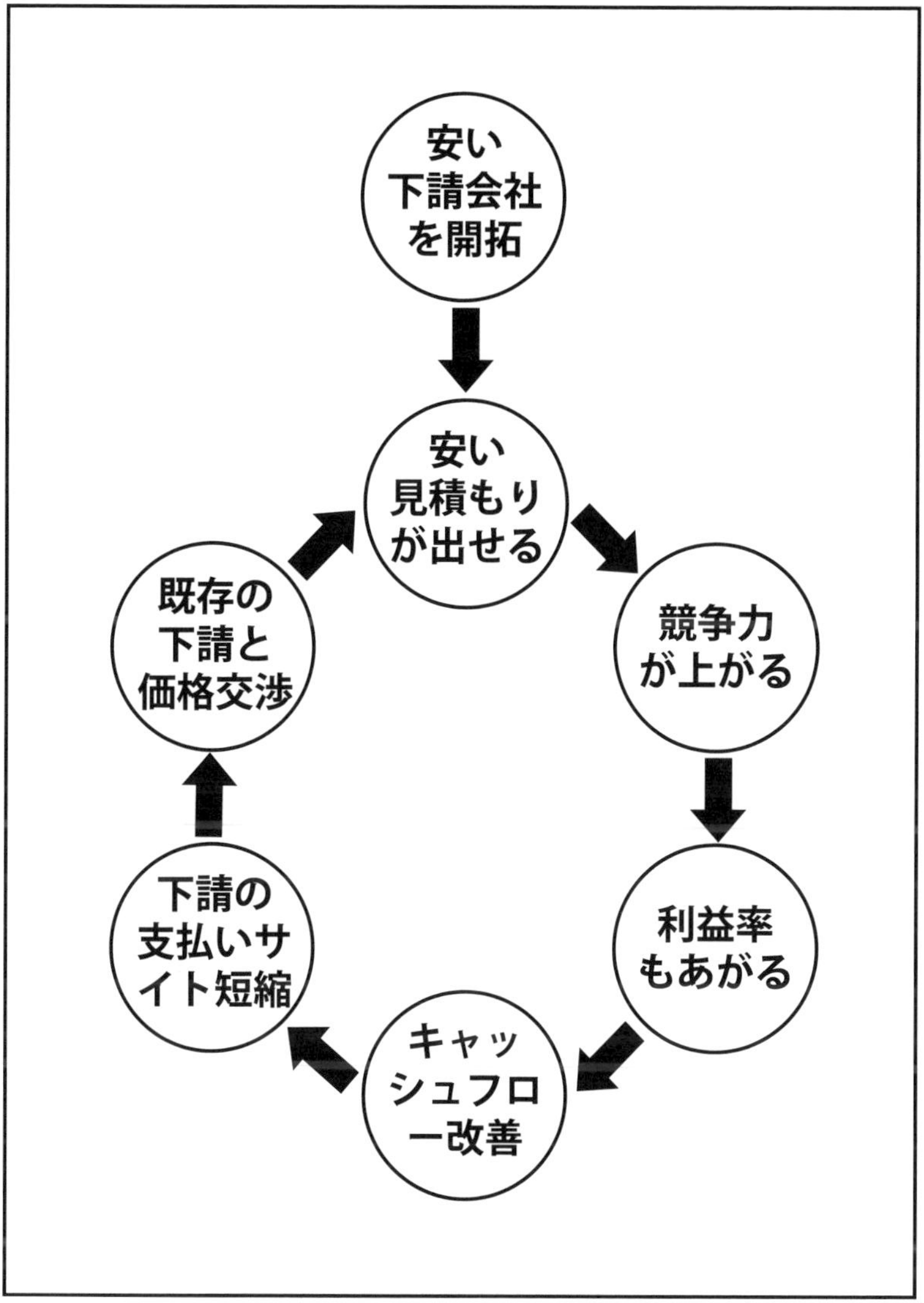

図 19：下請会社対策による好循環サイクル

また当然ですが、落札後の利益率も上がることになります。

つまりは利益が多く取れるようになり、キャッシュフローが改善するのです。キャッシュフロー改善により余剰資金が生まれますから、**下請会社との価格交渉の材料として、「支払いサイトの短縮」**を提示することができるようになります。

このように既存の下請会社により安い金額で仕事を行ってもらったり、安い金額での工事を行う下請会社を新たに開拓したりすることで、ステージ２における競争力と利益率を底上げしていくのです。

新たな下請けを探し続けることにより、利益を確実に出せるようになります。

ステージ４で詳しくお伝えしますが、その下請けさんとのいい関係ができれば、あなたが想像していないような有益な情報も得ることができるようにもなります。

《ステージ2》単価の高い工事だけに入札するのはNG

たまたま知り合った建設会社の社長さんに公共工事をやっているかと聞いたところ
「うちは入札をたくさんしているよ」

と自信を持って答えられました。

何件ですかと聞いたところ、年間20件とのこと。

年間20件では、入札数として少なすぎてお話になりません。

落札確率が10％として、年間でたった2件の落札にしかなりません。

「工事単価が高ければ年間2件でもいいのでは？」

と考えるかもしれませんが、単価の高い入札に絞っていては確実な成長が見込めません。

様々な価格帯の公共工事に入札するからこそ、継続的な受注ができて収益も安定するのです。

ステージ3においては億単位の工事への入札を行っていきますが、その段階においてもステージ2で入札していた価格帯への入札はやめないでください。3億や5億というような大きな工事を落札できるようになると
「数千万円の工事は面倒だな」

と感じてしまい、入札をしなくなってしまう会社があります。

ただ、それはとてももったいないことです。ステージ3を進めながらもステージ2を継続することで、毎年安定的に売上を上げていくことができます。何かの要因でどこかの発注者での落札が減ってしまったとしても、他の発注者での入札を増やすことで補てんすることも可能です。

このように経営の安定が手に入るのがステージ2です。安定を手にしたうえで、大きな工事を狙いつつ小さな工事にも入札を続けるのです。

ステージ2での数百万円から数千万円の工事では、入札案件探しから入札額の積算、そして落札後の施工までの仕組み化がしやすいものです。

受注から施工までの仕組み化をすることで、ステージ4に活きてきます。**M&Aであまり稼げていない会社を安く買い、公共工事のステージ2の段階まで一気に成長させることで安定的な収益が別会社でも確保できるのです。**

ステージ3の単価アップの旨味をしると、ステージ2の安い仕事をやりたくなくなる気持ちもわかります。

ただ、ステージ4のことを知っている私からすると、安い工事であっても絶対に続けた方がよいと言い切れるのです。

《ステージ2》契約保証を損保会社から取得せよ

落札をすると、多くの場合は契約保証というものが必要となります。銀行がお金を貸すときに保証人を求めるように、公共工事においては工事を発注する際に第三者による保証を求めるのです。

東日本建設業信用保証株式会社など、国が整備した保証会社から契約保証を取るのが一般的な方法です。

しかしこの一般的な方法だけでは、実績に応じた保証額しかもらえませんから、**ステージ2での定期入札によりすぐに保証額が足りなくなってしまいます。**工事の施工が終わっても、その工事分の保証額がすぐには戻らないというのも、契約保証が足りなくなる原因となります。施工が終わっても半年間は、保証額の枠が戻らない場合があるのです。

そこで必要となるのが、損害保険会社から契約保証を取得することです。東日本建設保証などの前払金保証事業会社は国が公共工事を行うために作られた会社ですので、保証枠を獲得するのは容易です。

しかしながら損害保険会社にとって、公共工事の契約保証は積極的に行いたいものではありません。損害保険会社が欲しいのは車の保険やケガの保険契約です。そこで損保の契約と交換条件で損害保険会社からの契約保証を得る交渉が必要となります。

損害保険会社以外に契約保証を出してくれるのは銀行です。

ただ、銀行から契約保証を取れるようになるにはステージ2では難しいでしょう。ステージ3になってくると、銀行との関係性が構築しやすくなり、銀行からの契約保証も取りやすくなります。

つまり、ステージ2においては損害保険会社をうまく使って、契約保証を取ることが大切だということです。

《ステージ3》単価UPで好循環サイクルを加速せよ

ステージ2において特定建設業許可を取れたら、いよいよステージ3へと入ります。

ステージ3では、ステージ2での稼ぎ方を続けながら、単価アップによる売上アップ、利益アップを目指すステージです。

特定建設業許可を取ったことで、建築一式の場合は6000万円以上、その他の場合も4000万円以上の工事を下請に出せるようになります。つまり、建築一式や土木一式などで出ている何億というような大きな案件も受注しやすくなるのです。

ステージ3での単価UPは、こういった一式工事を中心に前年度の年間売上を1本で超えるような案件に入札をしていきます。もちろん専門工事においても入札ランクを上げていくことで単価が高い工事があるかと思いますが、一式工事に比べると金額は低くなりがちです。

すでにステージ2で一式での工事に登録していればいいのですが、まだ登録をしていない場合はステージ3で登録しましょう。億単位の入札案件を1件でも落札すれば、キャッシュフローもよくなりますし、決算書も一気によくなります。

するとと翌年の経審の点数が大幅に上がることで、上位の入札ランクでの10億を超えるような工事にも入札できるようになるのです。

このように、ステージ3では高単価の落札が1件でもできれば、その落札によってさらなる好循環が見込めるのです。

すでにステージ2で「経審対策」「資格者対策」「下請の開拓」、3つの好循環サイクルを紹介しました。これらに加え、**ステージ3では「決算書対策」「契約保証対策」による好循環サイクルも回していきましょう。**

5つの好循環サイクルの中から、その時その時で一番効果が出やすいものを選び、取り組んでいくのです。1つの好循環サイクルが回ることで他の好循環サイクルも回りやすくなりますから、できる範囲で取り組めば十分です。

月ごとに1つの好循環サイクルを選んで取り組むだけでも、5ケ月かかります。5ケ月後に2回目の取り組みとして対策を行う時には、1回目の取り組みよりもさらに取り組みやすくなっているはずです。

このように、ステージ3では少しの取り組みが大きな売上アップへとつながるようになりますので、思った以上の急成長が可能となるのです。

《ステージ3》「決算書対策」による好循環サイクル

決算書対策による好循環サイクルを図20に示しました。ステージ２では、決算書対策とは経審対策に含まれるものとしてお伝えしました。

ではなぜステージ３では経審対策の一部ではなく、単独で決算書対策が大切だとお伝えしているのか。それはステージ３においては帝国データバンクの点数が重要な位置を占めてくるからです。

ステージ３で高単価な入札をバンバン行っていくにあたり、契約保証額を増やしていくための保証会社対策が重要となるのです。つまり、**決算書対策は、経審対策だけでなく、保証会社対策にもなるという意味で一石二鳥の取り組みなのです。**

図20には書いていませんが、決算書対策によって銀行からの評価もあがります。つまり銀行からの保証額を増やすことにもつながります。

また次のステージ４での銀行との業務提携にも重要な要素となるのです。

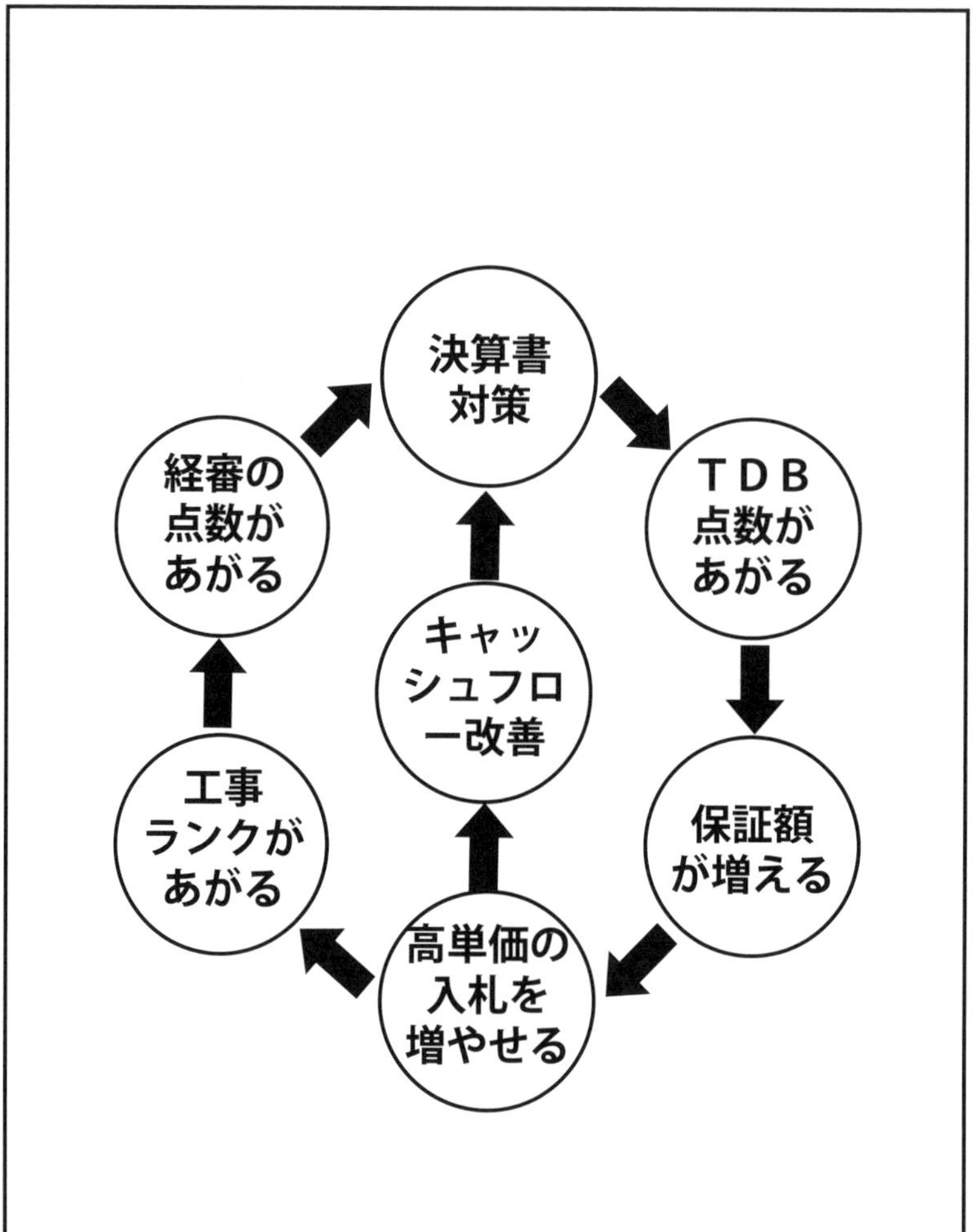

図 20：決算書対策による好循環サイクル

《ステージ3》「信用保証会社対策」による好循環サイクル

ステージ3で数億円クラスの大きな工事に入札するようになると、契約保証の額を増やしていく必要があります。

「せっかく落札したのに、受注ができないので困っています」と慌てた様子で私に相談に来る経営者の多くは、億単位の落札でのご相談です。

契約保証の額を増やす方法は、大きく分けて2つあります。

1つは、数を増やすことです。契約保証を出してくれる保険会社や銀行の数を増やすことで、契約保証の合計額を増やしていくのです。

もう1つは、1社あたりの保証額を増やしていくことです。

この2つの方法のいずれにおいても重要なのが、帝国データバンクからの評点を上げることです。帝国データバンクは日本国内最大手の信用調査会社で、調査対象となる会社の信用を点数化します。

御社と取引を始める会社があったとします。その会社は御社と取引しても仕事を途中で放り出さないか、お金は回収できるのかなどの不安を持ちます。初めてであればなおさらです。そこで信用調査会社に御社を調べてもらい、取引をしていいかどうかを決めるのです。

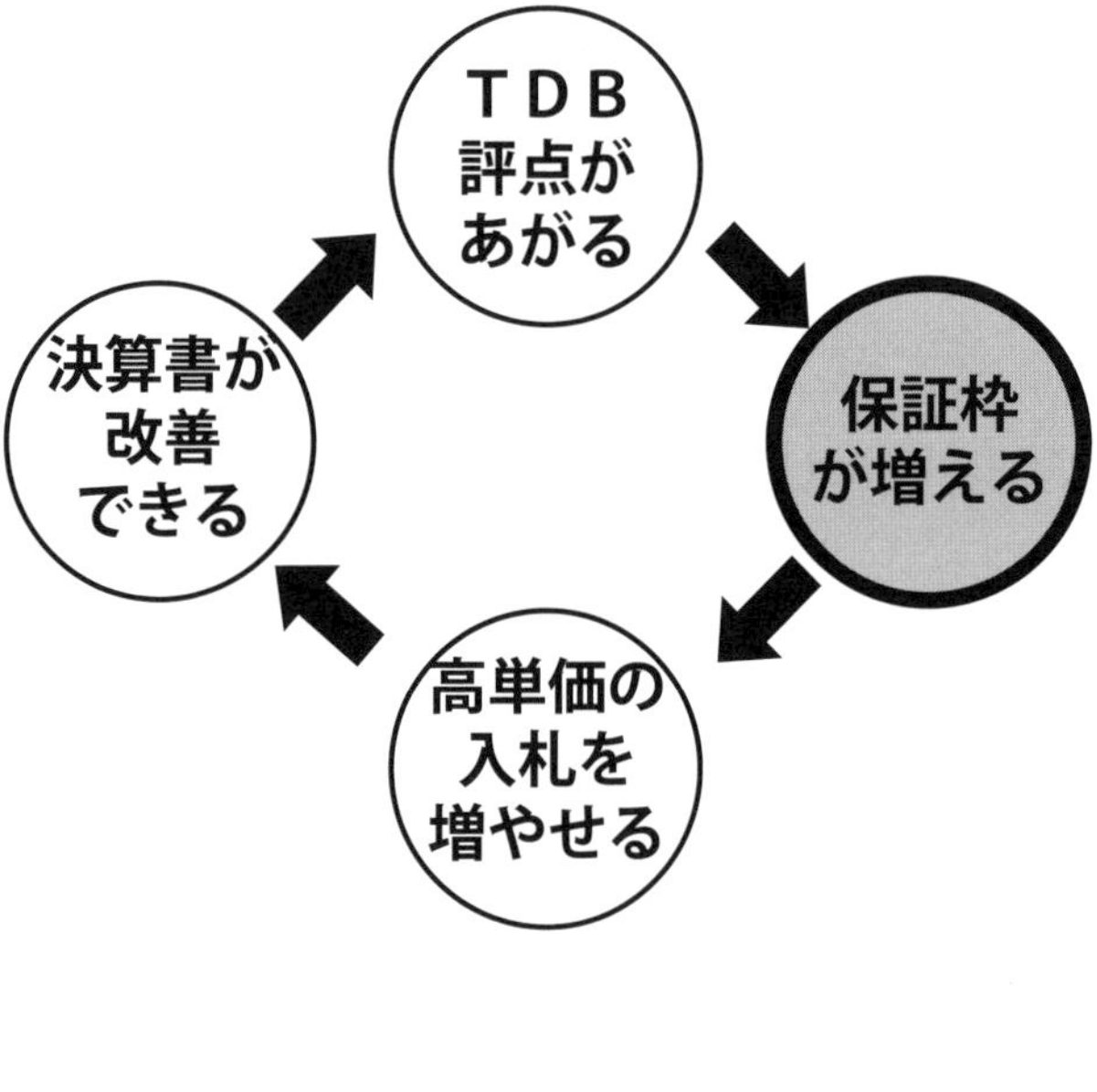

図 21：信用保証会社対策による好循環サイクル

あなたの会社に帝国データバンクから電話が入ったことが過去にあったかもしれません。その際、あなたの会社の社員が電話に出たことかと思いますが、その社員が帝国データバンクの重要性を知らない場合、単なる営業電話と勘違いしてあしらってしまい、失礼な対応をしてしまう可能性があります。

そのような対応をすると、点数が低めにつけられてしまう要因になります。

逆に言えば、帝国データバンクの対応をうまく行うことで点数アップが図れます。帝国データバンクの点数があがると契約保証の保証額が増えますから、公共工事の受注額を増やすことができます。

すると決算書が良くなってくるので、さらに帝国データバンクの点数があがり、保証額がさらに増えることになります。契約保証の額が増えれば高単価の工事を落札し、それによって業績が上がるとさらに帝国データバンクの点数があがります。

つまり、帝国データバンクの点数は上げ続けていくことができるのです。

これが信用調査会社対策による好循環サイクルです。（図21）

このように信用保証会社についての対策を取ることで、ステージ3における急成長を達成できるだけの保証枠を確保するとともに、急に保証枠がなくなってしまうリスクを減らしていくことが大切なのです。

《ステージ３》銀行からの契約保証で急成長を実現せよ

ステージ３のゴールは、１件で年間売上以上となる落札をすることです。それには自社の売上以上の契約保証が必要となります。自社の売上が2億円だとしたら、２億円以上の契約保証が必要となります。売上の数倍の保証枠が必要になることもあります。

私のクライアントは、売上7億円のとき、1日で23億円の落札をしました。これが可能になったのは、30億円以上の契約保証を用意できていたからです。

しかし一般的には、保証会社から10億円以上の枠をとるのはかなりハードルが高いです。

しかしステージ３ではそれが必要になってきます。

それと合わせて重要となるのが、銀行から契約保証を受けるということです。銀行から契約保証を受けるというのは、損害保険会社から契約保証を受けるよりも難しい事です。

それを可能にするには、関係構築が大切です。

経営状態がよい時も悪い時も、銀行に対して経営状況を報告し、自社の今後の経営戦略を定期的に話していくのです。公共工事に参入することにより、銀行はあなたの会社の成長を期待してくれるようになるはずです。

銀行との関係性ができてくれば、契約保証を銀行にしてもらうことで売上をさらに伸ばしていくことができるということも理解してもらえるようになるでしょう。

銀行は、ともに成長していくパートナーを求めています。その第一段階として、契約保証を出してもらうのです。帝国データバンクの点数を上げることができていると、銀行としても契約保証を出しやすい状態になっています。

ステージ３での単価ＵＰの最終段階が、銀行からの契約保証といっても過言ではありません。このことを意識して、銀行との関係性を構築していくとよいでしょう。

《ステージ4》銀行との業務提携で億単位の売上を手に入れろ

ステージ4は、レバレッジのステージです。レバレッジとは、てこの原理の意味で、少ないお金や労力で大きな成果を手に入れることの例えです。レバレッジをかける1つの方法が、業務提携です。

なぜ業務提携をステージ4で取り組むかと言うと、ステージ3までに培ってきた関係各社との信用を活かせるからです。わかりやすい業務提携先として、銀行があります。（図22）

ステージ3で契約保証対策として事業計画を理解してもらうことで契約保証を受けることをお伝えしました。

ステージ4では、銀行から受けた契約保証を使うことで売上を伸ばした実績を銀行に伝えることで、自然と業務提携を結ぶ流れができていきます。

ステージ3までは、銀行は「あなたの会社に対する融資」を期待して、あなたのサポートをしてくれる関係性だったかもしれません。

一方でステージ4では、あなたの会社と仕事をする「他の会社に対する融資」を期待して、あなたの会社に顧客を紹介してくれるようになるのです。（図22上図）

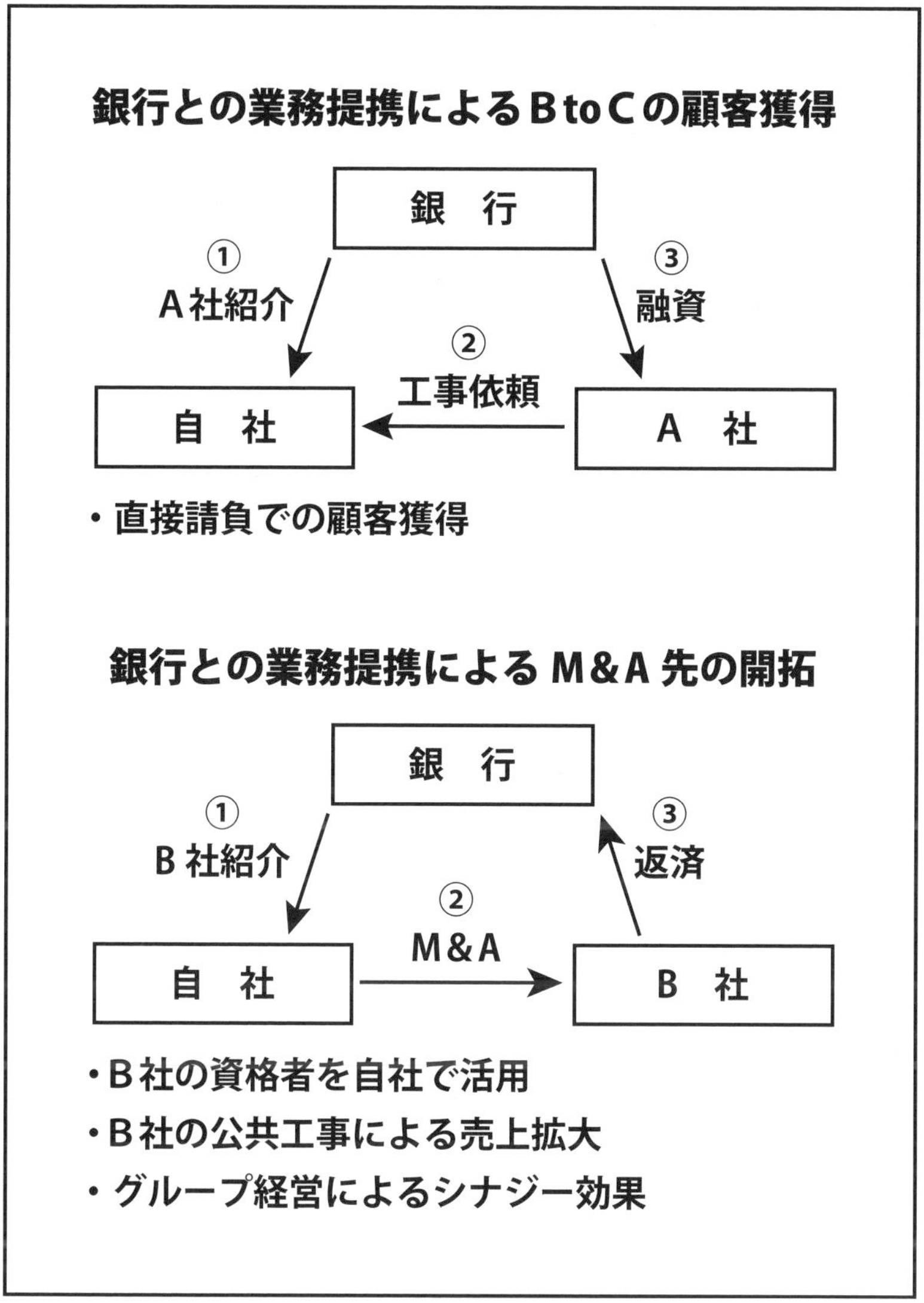

図22：銀行との業務提携によるレバレッジ事例

また銀行は、あなたがM&Aをすることで、経営が苦しい建設会社が生まれ変わることも期待するようになります。（図22下図）

いずれにしても、銀行はあなたと協力関係を築くことで情報を共有し、工事（＝ビジネス）を発生させたいと思っているのです。

銀行もなるべく大きな仕事を生んだ方が融資額も大きくなるので、数千万円や数億円規模の仕事が生まれることになります。**銀行は自らの利益のために、あなたの会社と組むことを選ぶのです。**

このような状態を「ＷｉｎＷｉｎの関係」や「三方良しの関係」と呼んでいます。

ＷｉｎＷＩｎの関係をつくれれば、銀行に限らず様々な企業や事業者と業務提携をすることができるのです。

銀行は強力な事業パートナーとなりますので、ステージ４ではぜひ業務提携を目指しましょう。

《ステージ4》下請会社ともＷｉｎＷｉｎの関係をつくれ

銀行とのＷｉｎＷｉｎの関係性を作ることができたら、同じような関係性を下請会社とも作っていきましょう。下請会社とＷｉｎＷｉｎの関係性を表したのが図23です。

一方通行の関係性では、下請会社は単に安く工事をやってくれる会社としか見ていません。ＷｉｎＷｉｎの関係性を作るためには、下請会社が困った時に助ける姿勢や、下請会社の売上にも貢献する姿勢を見せる必要があります。

それには下請会社が何を求めているのかを直接ヒアリングすることと、自社が何を求めているのかを相手に伝えるという2つの行動が大切です。

下請会社の求めていることをヒアリングするには、

「売上を立てたい月があったら教えてほしい。その月に売上が立つように仕事を出せるように調整してみるから」

というように下請会社の困っていることや喜ぶことを聞き出すのです。

このとき、末端の作業員に聞いても意味がありません。下請会社の社長と直接、経営者同士で話をするのです。ステージ２（図19参照）において支払いサイトの短縮を行うことによる金額交渉をお伝えしましたが、下請け会社の喜ぶことを、他にもないか探るのです。

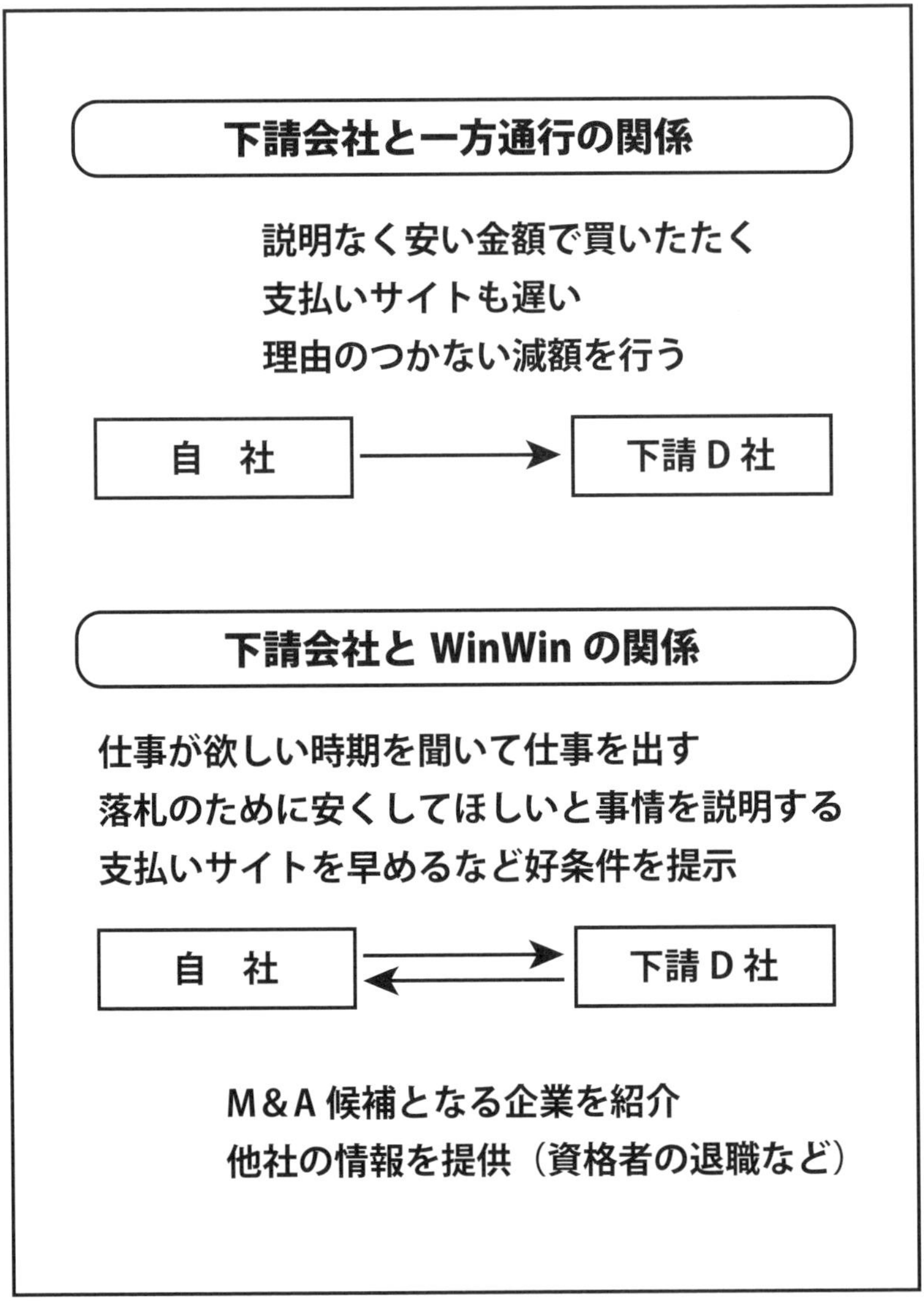
下請会社と一方通行の関係
説明なく安い金額で買いたたく
支払いサイトも遅い
理由のつかない減額を行う
自　社
下請 D 社
下請会社と WinWin の関係
仕事が欲しい時期を聞いて仕事を出す
落札のために安くしてほしいと事情を説明する
支払いサイトを早めるなど好条件を提示
自　社
下請 D 社
M&A 候補となる企業を紹介
他社の情報を提供（資格者の退職など）

図 23：下請会社との業務提携によるレバレッジ事例

そのためには、もう一歩踏み込んで、

「いくらで請けてくれるのならば、仕事をこれだけ多く出せるようになる」

というように事業計画とともに伝えていくのです。

このようにＷｉｎＷｉｎの関係性を下請会社と作ることができると、

「仕事を安くやってくれる会社」

という元請と下請としての関係性ではなく、

「M&A先を紹介してくれる会社」「資格者を紹介してくれる会社」

「競合他社の情報を教えてくれる会社」

というような様々な関係性を作ることができるようになるのです。

このようにＷｉｎＷｉｎの関係性を銀行や下請会社と作ることができるようになると、他の様々な関連会社ともＷｉｎＷｉｎの関係性を作っていけるようになります。このような関係性づくりを常時行えるようになると、すべての出会いがビジネスチャンスへと変わります。人と会う際には常にビジネスチャンスを意識し、関係性を構築していくことにより事業提携を探り続けることが必要です。

このように銀行や下請会社とのＷｉｎＷｉｎの関係づくりを通じて、他の関連会社とも同じようにＷｉｎＷｉｎの関係性が作れないか、横展開を試みてほしいのです。

《ステージ4》M&Aで資格者を一気に増やせ

レバレッジをかけるもう1つの方法が、M&Aです。

資格者を中途採用しようとして転職サイトやハローワークで募集するものの、一向に応募が来ないと嘆いていた社長さんがいました。

それはそうです。資格者はどこの建設会社からも引く手あまたですから、名もなき中小企業に何の紹介もなしに来なくて当然です。

若手や女性を雇って資格を取らせるという方法をすでにお伝えしましたが、時間をかけずに資格者がほしいという場合もあるでしょう。**そのような場合には、M&Aで会社を買ってしまえばいいのです。**会社を買ったら、必ずその会社を経営しなければいけないというわけではありません。会社を買って、資格者を手に入れるだけのためにM&Aをしたっていいのです。

M&Aを行うようになると、

「あの会社はM&Aを行ってどんどん大きくなっている」

と周りの地域でも目立つような存在になりますから、紹介で資格者が入社したいと応募してくるようにもなるでしょう。

M&Aにおいても、実績があるかないかによって大きく異なります。

まずは数百万円程度の金額で資格者を得るためだけのM&Aを行い、本格的なM&Aは2回目以降でもよいのです。

M&Aというと大げさなように思えて、

「うちがM&Aだなんてとんでもない」

というような先入観を持っている方がいるのですが、M&Aにもいろいろな形があることを知っていただくと固定概念が外れるのではないかと思います。

私のクライアントは、5社のM&Aを検討し、うち2社のM&Aを半年で実現しました。

売上は当然上がります。資格者などの人の問題も解決しました。

現在はM&Aをした会社の上場までを視野に入れて経営をされています。

《ステージ4》M&Aで会社を一気にデカくしろ

M&Aによるメリットは、実績が買えることです。業歴の長さも経審の加点ポイントですから、業歴の長い会社を買って、そちらの会社に自社を合流させるというやり方も可能です。

もう1つは、**元々持っている会社でも公共工事を続けつつ、買った会社でも公共工事を行うという方法です。**

たとえば、1つ目の会社では登録がない業種区分の会社を買えば、入札できる業種区分の幅が広がります。

また、入札に有利となるエリアにもう1つの会社を置くことで、元々の会社では入札に不利だった案件を落札できるようになります。

公共工事の実績がある会社を買うことで、いきなりステージ2からスタートできることも大きなメリットです。特定建設業許可を有している会社を買えば、いきなりステージ3から公共工事を行うことができます。片方の会社で受けた一式工事を、もう片方の会社に振るという元請と下請の関係性をつくることも可能です。

このように4つのタグである「業種区分」「エリア」「発注者」「価格帯」を2つの会社でうまく使い分けることで、1社では実現できなかった売上を上げていくことが可能になるのです。

「買収しないでも、また新たに会社を作ればいいのでは？」

と思うかもしれませんが、再びステージ0から公共工事の参入をしていてはまた時間がかかってしまいます。

間違いではありませんが、M＆Aを行った方が圧倒的な時短になるでしょう。すでに1度公共工事の新規参入を経験したからこそ、M＆Aを使って一気に成長させることができるということです。今の時代、会社をもう閉じようかと思っている建設会社の社長は探せばいくらでもいます。ステージ3やステージ4になると、あなたの会社は信用力が十分に上がっています。帝国データバンクで調べられたとしても、安心です。

つまり、すでに公共工事に参入している会社や、参入してすぐに結果が出せるような会社を探して、会社を買えばよいのです。M＆Aと言うと、何億円もの現金が必要なイメージを持つ人がいますが、そんなことはありません。安い場合は、数百万円でのM＆Aも可能です。

たしかに一般に出回っているようなM＆Aの案件は、不動産屋のように仲介が入っていますから仲介手数料がかかることもあり高額です。そうではなく、自らの手でM＆A案件を探していくのです。公共工事でライバル分析を行うのと同じ手法で、M＆Aしたい会社を探していくのです。

ステージ4になれば、M＆Aの候補となるような企業は、銀行などから自然と情報が集まってきます。**あなたが今まで実践してきたステージ0からステージ4までの流れを、M＆Aした会社に埋め込めばよいのです。**

公共工事は経営者としての力を育てる「経営者育成ゲーム」であると第1章で書きましたが、その真価を発揮するのがこのステージ4なのです。

《ステージ4》BCGバランスの最適化を行え

ステージ3までをクリアしたことで、あなたの会社は公共工事以外の事業でも稼ぐ力が十分に備わっています。

「BCGバランス」のうちのGである公共工事で10億円以上を売り上げるようになったことで、他のBtoBやBtoCにおける取り組み方が、公共工事で稼いでいなかったときとはまったく変わってきます。

まずはBtoBの下請工事について考えてみましょう。

ステージ4にまでくれば、一式工事の実績がすでにあるはずです。下請会社として受注する工事においても専門工事だけではなく一式工事でも受けることができます。

特定建設業許可を取得していることで決算書がよくなっていることが元請会社からも一目瞭然ですから、

「この会社には大きい仕事を出しても大丈夫だな」

と思われるようになり、大きな専門工事や一式工事を受けることも出てくるのです。

このように、それまで4次請けだった会社は3次請け、2次請けへとステップアップをしていくことにより売上、利益ともに拡大します。

次にＢtoＣの直接請負についても見てみましょう。

公共工事を受注しているという実績は、民間会社や個人との取引を行う上でも評価されます。ＢtoＣの直接請負においては相見積もりになることが多くありますが、公共工事の実績が評価されることで最安値でなくとも受注できた、ということがよくあります。直接請負で工事を行うことは経審の点数アップにもつながりますから、積極的にＣの直接請負を増やしていくというのもありです。

公共工事を通じてキャッシュフローが改善していますから、より大きなお金を広告費に投資することも可能です。

ステージ４では、あなたはすでに工事会社の社長という枠を超えて、しっかりとした**経営者**として周りから見られるようになっています。

「こんな事業がしたい」

というさらなる夢を描けるのがこのステージ４なのです。

ステージ4を目指して、いますぐ公共工事をはじめなさい

第3章では、5つのステージについて多くのページを割いてお伝えしてきました。この章を読んだことで、あなたは運まかせで思い付きの行動から卒業し、数年先を見据えての行動を取ることができるようになったはずです。

くり返しになりますが、大切なのは1つ1つ段階を追って成長していくことです。行政書士に依頼をして戦略もなしに公共工事を始めてしまった場合は、ステージ0からやり直すことです。やり直すというと、遠回りをしているような気持になるかもしれません。

しかし実際は、その真逆の「近道」です。

「一度、公共工事に参入しようとして失敗している」という会社であったとしても、5つのステージを知らずに行っていたのですから、失敗して当然だったと言えます。

次の第4章では、実際の私のクライアント企業の事例をお伝えします。本章を読んだこ

とであなたは5つのステージを理解していますから、他社の事例を読み解く力もついているはずです。

第4章を読むことで、5つのステージの理解はさらに深まり、あなたの公共工事参入における成功の確率が上がることでしょう。

第3章　まとめ

●5つのステージを順番にクリアすれば最短最速で成長できる

＝＝＝＝＝ステージ0「戦略立案」＝＝＝＝＝

●公共工事における戦略は3C分析と4つのタグを使え

●短期的な経審対策を行い、すぐ入札せよ

●戦略に基づいた手続きができたらステージ0クリア

＝＝＝＝＝ステージ1「実績作り」＝＝＝＝＝

●入札したら落札できなくても毎回ライバル分析を行え

●業種区分を増やすため資格者対策を早期にスタートせよ

●ステージ1はスピード！スピード！スピード！

●発注者ごとに1件の落札が達成できたらステージ1クリア

＝＝＝＝＝ステージ2「継続受注」＝＝＝＝＝

●4つのタグを動かして、高利益の案件を定期入札しろ

●経審対策や資格者対策を行うことで好循環が起きる

●下請会社を増やして競争原理を働かせれば入札で有利になる

●特定建設業許可の取得でステージ2クリア

＝＝＝＝＝ステージ3「単価ＵＰ」＝＝＝＝＝

●決算書対策と信用保証会社対策で好循環は加速する

●契約保証は数と額の両方を増やしていけ

●契約保証は損害保険会社だけでなく、銀行からも取得せよ

●年間売上以上の額の案件の落札でステージ3クリア

＝＝＝＝＝ステージ4「レバレッジ」＝＝＝＝＝

●銀行との業務提携で億を超える仕事をラクラク手に入れろ

●関連会社とWinWinの関係をつくり他人の力を利用せよ

●BCGバランスの最適化を行い効率よく稼げ

●M&Aで実績と人材を買って会社を一気にデカくしろ

第4章
公共工事に挑戦した7社の事例

【事例1】公共工事にチャレンジして3ケ月で落札

ご紹介する事例の1社目は、和歌山県某市の建設会社Pです。塗装を行うＢ to Ｃの会社で、売上は4億円程度、粗利も50％は確保している状態で、決算書もなかなかよい状態でした。

この和歌山の会社がなぜ公共工事をはじめたかというと、売上10億円を早く達成したかったからです。

さらなる会社の成長のための一手として、Ｂ to Ｃで売上を上げるにはエリアを広げることが必要ですが、関西圏は既に商圏とされていたので、広げるなら名古屋などに店を構えなければなりません。事務所経費や市場調査が必要になります。遠くのエリアに進出するよりも、今の場所で公共工事に参入することを選ばれました。

この会社の社長は、公共工事に関する知識がほとんどありませんでした。

そこで公共工事の新規参入に関する専門家をインターネットで調べたところ、私を見つけ出してくれて連絡をくれたのが私との出会いでした。

「御社はB toCだから成功する確率は高いですよ」

とお伝えして、コンサルティングがスタートしました。

経審を取得する前に落札を達成

この会社のコンサルティングをスタートしたのは5月のことでした。そして落札を達成したのは7月のことでした。しかもそれは、なんと1件目の入札での落札でした。

なぜこの会社が、1件目の入札で落札できたのか。それは、普通の探し方をしなかったからです。他社も行っているような普通の探し方で入札案件を探している限り、ライバルが多い案件にばかり入札することになります。それではなかなか落札できなくて当然です。

全国平均の落札率は、11件中1件です。つまり10件連続で落札できなくても、おかしいことではないのです。

しかしこの会社は、普通の探し方はしていません。**普通の探し方をしなかったからこそ、ライバルが少ない入札に参加することができ、結果として半年たたずにステージ1をクリアすることができたのです。**

公共工事未経験の会社が、いかにして半年たたずにステージ1をクリアしたのか。しかも経審を取る前になぜ落札できたのか。

私が行ったコンサルティング内容を、次項でご説明しましょう。

株式会社Pへのコンサルティング内容

この会社がすばらしかったのは、私の言うことを素直に聞いてくれたことです。

「社長、入札を担当する社員をつけてください。できれば女性で」

とお伝えしたところ、女性の事務員を4人も担当にしてくれました。

女性は現場のことを知らないので、言われたとおりにチャレンジしますし、できなかったことはできていません、と素直に取り組む傾向があります。この女性の事務員は、BtoCでの集客のための広告を出したり、問い合わせを受けたり下請さんに仕事を出したりという事務仕事をしている方々でした。この現場主義ではない社員が4人もいましたので、**私はとにかく早く入札を始めるようにと指導しました。**

もちろん公共工事に関する知識が何もありません。公共工事とは何たるかを学ぶところから始める必要があったのですが、並行して入札を始めるようにと、とにかく入札を早くさせようとしたのです。なぜならいくら公共工事の仕組みを学んでも、実際に入札をしてみないと実感がわかないからです。

もちろん、第3章で伝えたように4つのタグで戦略も考えてもらいましたし、経審の取得も順番に進めていきました。

しかし４人も手がありましたので、経審ができる前から入札するようにと指導したのです。

「いつになったら入札するんですか」

とコンサルティングのたびに私が言うので、当然、女性社員はできない理由を口にします。

「まだ経審が取れていないので入札できません」

「だったら、経審がなくても入札できる案件を探してください」

「わかりました」

また次のコンサルティングで、

「いつになったら入札するんですか」

と私に言われて

「入札資格申請が年に数回しかないので、まだ入札できる手続きができていません」

とできない理由を言うので、

「だったら入札資格申請がなくても入札できる案件を探してください」

「わかりました」

このように、コンサルティングのたびに私は「早く入札しろ、早く入札しろ」と言い続けたのです。

社長が立てた年間の売上目標から、単価、落札確率を元に入札回数を計算すると、週２

回は入札しなければ目標達成できないことがわかりました。

もちろん、入札できる案件がないと女性社員は言いますが、

「入札できる案件がないなら、別の発注者で探してください」

「1週間に2件と決めたなら、それを達成するための方法を探してください」

と公共工事に参入していく上での姿勢を伝えました。すると、女性社員は
「わかりました」

といって、経審を取っていなくても入札できる案件を本当に探してきたのです。そうして入札がはじまったのが、7月のことでした。そしてなんと、1件目の入札で早くも落札ができたのです。

この会社は、ステージ2のクリアも早いはずです。なぜなら、ステージ1で苦しい条件の中で落札を早期に勝ち取った経験をしたからです。この会社が登録しようとしている発注者は30を超えます。公共工事を何年も行っている会社の多くが、市や県の発注者1つか2つにしか入札をしていない中で、この会社は経審を取っていきなり30以上の発注者に登録するわけです。

このように多くの発注者の中から入札する案件を選ぶことで、ステージ2で必要な利益率の高い案件を見つけることができるでしょう。

【事例2】廃業寸前の建設会社がV字回復で東京進出

ご紹介する事例の2社目は、大阪府某市の建築会社Mです。

この会社は、私と会ったときには債務超過の状態でした。公共工事のノウハウも知識もなく、利益に対する意識も低かったためそのままでは債務超過の状態から抜け出せなかったでしょう。

この社長さんは出会った頃、

「市の物件に入札はするけど、1つの物件に40社以上が入札するから落札できない」

と言っていました。

これは、公共工事で稼げていない会社の定番の言い訳です。

「公共工事で成長するのはなかなか厳しい。というか無理だろう」

と、完全に諦めていました。

1年に1、2件の公共工事を行っているので、すでにステージ1の「実績作り」はクリアしていましたが、リサーチによる戦略づくりがまったくできていませんでした。

そこで、リサーチの重要性を理解していただくために、

「たとえば、隣の市の入札に参加してもいいんですよ」

と、発注者を開拓することで1つの物件に40社以上が集中している現状からの脱却できる

ことをお伝えしました。

ところが、

「他の市での入札は、その市に登記している会社が優先的に落札することになっている。だから入札したところで、落札できっこない」

と、私の言うことを一切信じようとしませんでした。

これこそが思い込みであり、思い込みを外したところにこそチャンスがあるのですが、残念ながらこの時点では理解いただけなかったのです。

ですがその後、この社長さんからコンサルティングのご依頼を受けたのです。

なぜ公共工事で成長するのは難しいと考えていたにも関わらず、私に依頼をしたのでしょうか。

「特定建設業許可」を取りたくてコンサルティングを開始

この社長には、「大きな工事を受注していきたい」という思いがありました。そのために特定建設業許可を取りたい、と考えたのです。特定建設業許可を取得することで、下請けに4000万円以上の工事を出すことができるようになりますので、大きな工事を受注するためにまずは特定建設業許可を取りたいと考えたのでしょう。

社長の弟さんも建設会社を経営しており、弟さんの会社ではすでに特定建設業許可を取っていたので、メリットをある程度は知っていたのだと思います。

ただ、特定建設業許可を取得するに当たっての要件については、ほとんど知識を持ち合わせていませんでした。

もちろん、特定建設業許可を取るために会社の何をどう変えていくべきか、一切わかっていませんでした。**行政書士や税理士にも聞いたそうですが、なにもわからなかったそうです。**

お会いしたのは数年前の話ですが、私にはすでに特定建設業許可を取得させた実績が何件もあり、その中には債務超過の会社までありました。

実績をお伝えする中で、私が本物だと信頼していただいた節がありました。

売上が2倍以上になり、特定建設業許可も取得

こうして特定建設業許可の取得を目的とした公共工事のコンサルティングがスタートしました。株式会社Mの場合は成果が出るまでに1年もかかりませんでした。

半年後には中学校の改修工事で８０００万円、さらにその数か月後には公共施設の改修工事で４０００万円と、1本で1億はいかないものの比較的高単価の公共工事を立て続けに落札したのです。

「水嶋さん、１億超えたよ！」

と社長から興奮気味に電話がかかってきたことを今でも覚えています。

「1億ぐらいでテンションが上がるのは、やめてください」

と申し上げ、落ち着いていただきました。

喜ぶのは無理もありません。なぜなら、コンサルティングの冒頭で
「1年後の売上目標はいくらにされますか？」

と質問したところ、出てきた答えは「売上5000万円」だったからです。

（そんなに少なくていいのですか？）

と思いましたが、社長のご意向を尊重しました。

１億を突破したことで、売上目標を「年間３億」に上げていただきました。売上は右肩上がりで上がっていき、もちろん利益も積みあがっていきました。そして翌年、債務超過の状態から脱出できただけでなく、当初の目標であった特定建設業許可までも取得できたのです。

特定建設業許可の取得により、取れる戦略が一気に広がります。

公共工事の醍醐味を感じてほしいので、社長さんにはこれからが本番ですよとお伝えして、**現在は売上10億円を目指していただいています。**

この会社が次にクリアすべきなのはステージ３の「単価ＵＰステージ」です。

ステージ２で安定的に利益を上げることができるようになったので、現在の社長さんは、攻めの経営へと転じていらっしゃいます。

ステージ３で重要な帝国データバンクの点数も対策を行うことで順調に上げることができています。

来年か再来年には、売上10億円を突破するのではないかと期待しています。

株式会社Ｍに実施したコンサルティング内容

コンサルティングを行う前、この会社は定期的な受注ができずに悩んでいました。原因は参入前に行っておくべき戦略立案や定期入札の体制づくりを行っていないことでした。

そこで「４つのタグ」の考え方を元に発注者やエリアを増やすところから始め、入札の本数を増やすことで定期的な入札を行う体制を整えていきました。

また、入札後にはライバル分析を行い、さらなる発注者の開拓や経審対策を行っていきました。（第３章ステージ０からステージ２を参照）発注者を増やすことについては、はじめは夏休みの宿題をやらされる子どものように、いやいややっていたと思います。

４つのタグの考え方が理屈としては納得できるものの、本当に上手くいくのか信じられないという感覚だったのでしょう。

「発注者を限定するな、調べろ」

と私がこっぴどく言ったので、

「ダメもとで調べてみます」

ということで調べていきました。

すると、面白い結果が出てきました。

隣の市が、1000万円未満の小さい工事に関しては、地元の会社が落札していたのですが、2000万、3000万、さらには1億以上の工事となると、**市外の会社ばかりが落札していたのです。**私がいくら「市外の会社でも落札できる」と言っても信じなかったのが、事実を見たことで、一発で腑に落ちたようです。信じるも何も、事実ですから疑いようがありません。

同じ市に登記している会社が優先されるということも事実でしょう。

しかし、ある条件下によっては市外の会社が落札していたという事実がわかったのです。

さらに落札結果を細かく調べると、その原因もわかりました。その結果、この会社が取るべき戦略がはっきりと見えたのです。

どの工事区分で入札資格を取ればいいのか。

どの単価の工事に入札すればいいのか。

「じゃあ、俺もできるんかな」

社長の目が光りました。

私の言っていることは本当かもしれないと、未来への光が見えたのです。

きっかけは、経験から得た気づき

「水嶋さん、リサーチの仕方をもっと教えてください」

そこからは、社長は自ら積極的に、入札案件を調べるようになりました。とはいえ、まだまだ社長は半信半疑の中で動いていたと思います。その社長の姿勢が大きく変わったのが、国のとある機関が発注者である案件を見つけたことでした。

社長が問い合わせると、

「物件情報を知りたければ、事務所まで取りにきてください」

と言われたそうです。

通常の案件であれば、ホームページからダウンロードできる場合がほとんど。ところが、まれに足を運ばないと情報をもらえない場合があるのです。しかもその発注者の事務所は山奥にありました。

「面倒くさいな」

社長は言いましたが、私はこう返しました。

「だからこそ、行った方がいいんですよ」

社長が面倒くさいと感じたということは、他社も同じように感じたということです。面倒くさいと感じたということは、入札する会社が少ないに違いありません。

つまり、ライバルが少ない案件の可能性が高いわけです。社長はわかったと言い、資料を取りに足を運びました。そして入札し、1発で落札できたのです。このときの入札業者は、10社を切っていました。

わたしと出会った時に、

「入札業者が多いから落札できない」

と言っていた社長は、この時ハタと気が付いたはずです。面倒そうな案件ほど、入札時のライバルが減る。だからこそ、面倒そうな案件ほど落札の可能性が高まり、結果的に楽になる。

「これなら、落札の確率は急激に上げられる！」

そこから、株式会社Ｍの快進撃がはじまりました。

「ライバルの分析」が未来の可能性を広げた

この社長が偉いのは、入札後に落札ができてもできなくてもライバル分析を行い、入札した案件について振り返ったり、ライバルが入札している他の案件を調べたりし続けたことです。ライバル分析を続けたことで、ある入札で興味深いことがわかりました。その入札で落札することができました。そして、落札できなかった他の会社を調べたところ、同じような価格帯で入札していたのはもう1社だけで、その他の会社はすべて高い価格帯で入札していたのです。

「なぜ他の会社は高い価格帯で入札していたのか？」

ライバル分析を行った結果、この疑問を持つことができました。この疑問の答えは、他の会社すべてに共通するある1つの特徴でした。その特徴を持っている会社が、「ある条件」を満たした場合には、高い価格帯で入札するということがわかったのです。

他の会社が入札をしていた過去の案件を調べても、高い価格帯で入札が行われていたので、これは「法則性」と言ってもよいものでした。この法則性が分かれば、あとは簡単です。

つまり、ライバル会社が高い価格帯で入札するであろう「未来の案件」の予測が立つようになったのです。

こうしてこの社長は、

「この発注者もよさそうだぞ」
「この入札案件は勝てそうだぞ」

と同じ法則性を満たす発注者と入札案件を見つけていき、実際に次々と落札していきました。

「どうやって調べるの?」

と思うかもしれません。

公共工事は税金で賄われているので、案件の情報だけでなく、どの会社にいくらで発注したのかなどの情報をオープンにしなければならないことになっています。

また、今はインターネットでそれらの情報が調べられるようになりました。私のクライアントは、ライバルの会社の売上・利益・借入金・資格者はもちろん、その会社が過去1年で落札した案件の詳細も調べ上げています。**このように、ライバルを調べたうえで「なぜ勝てるのか」という根拠を手に入れることができるのが、ライバルの分析です。**

わたしはよく、公共工事をすでに行っている会社から

「いくらで入札すれば勝てるのかがわからない」

と相談を受けることがあります。

このように「入札額を変えれば落札できる」と考えること自体が間違っているのです。

「実は、会社を畳もうと思っていたんだ」

最近になって、社長がポロリと明かしてくれました。

私と会ったときにはどうしたらいいか何もわからない状態だったと言います。債務超過に陥った中で、どうやって売上を上げたり、資金繰りをしたりすればいいか、何の考えもなかったそうです。

当時の社長は、今の前向きな姿からはとても考えられない状態だったのです。今では地方から東京に進出するという話まで出てきたり、事業承継を考えたりと、数年後の中長期の目線を持つことができるようになりました。

公共工事に対する固定観念を取ったことで、経営者自身が前向きになった典型例だと思います。

【事例3】とび・土工の会社がオンリーワンの存在に

ご紹介する事例の3社目は、神奈川県にあるとび・土工の株式会社Sです。

この事例では、

「うちの会社の業種に、公共工事は合わないんじゃないか」

と考えている会社であっても、公共工事をやる意義があるということをお伝えしたいと思います。

わたしとお会いしたとき、この会社は法人化して6年目、売上は2億円弱でした。この社長さんとのご縁は、わたしの前著『公共工事の経営学』がきっかけでした。本を読んで、社長さんは早速、

「足場の仕事があるか、調べてみよう」

と地元の市の案件を調べてみました。

すると、足場の仕事はなんと1年に1件あるかないか、というくらいでした。

「こんなに案件が少ないのでは、参入なんてとても無理だ」

と社長さんは、一度は公共工事を諦めたのでした。

しかし、下請の仕事での成長には限界があると感じている中で、私のセミナーが開催されることを知り、私とはじめてお会いすることになったのです。

セミナーではこの本に書いてあるように、実績のない会社がいかにして新規参入を果たすのか、そして最短最速で売上10億を目指すにはどうしたらいいのか、ということをお伝えしました。

社長さんは、**前著には書かれていない情報を知る中で、**「もしかするとうちでも10億が目指せるかもしれないぞ」と可能性を感じていただき、私のコンサルティングを申し込まれたのです。

参入に成功し、建築一式を行う会社になれることを確信

この会社は、足場の仕事しかやったことがありませんでした。当然、足場の仕事を公共工事で探すわけですが、この社長が調べた通り、足場の仕事はほとんどありません。普通に考えると足場の会社が公共工事に新規参入はしないでしょう。

ですがもし参入できれば、オンリーワンの存在になれます。

私のコンサルティングを通じて公共工事に取り組んだところ、この会社の社長さんは見事、1件目の落札を獲得し、参入を成功させました。実績ができたことで、いよいよ稼いでいく

段階がスタートです。

とはいえ、足場の案件が少ないことは変わりありませんので、この会社は業種区分を増やしていっています。業種区分を増やすには、それぞれの専門性に応じた資格者が必要です。そのため、この会社の社員さんが資格試験を受け、合格していくことで業種区分の登録を増やすという計画を進めています。

「足場の仕事がこんなに少ないのに落札できたのだから、他の業種区分だったら簡単に落札できるぞ」

このように社長さんは公共工事での成長を確信しています。

「本当にうちにできるのか?」

という半信半疑での取り組みから、

「うちでもできるんだ」

という確信を手に入れ、公共工事へとさらに力を注いでいますので、この会社がステージ2をクリアし、建築一式での仕事を始めるのもそう遠くないでしょう。

とび・土工の会社であっても、本書で紹介したセオリー通りの取り組みで成長していけることが証明された事例でした。

株式会社Sに実施したコンサルティング内容

この社長が調べた通り、この会社の地元の市からは、足場の仕事がほとんど出ていませんでした。

「だったら他の市や県もないだろうし、国も出してないだろうな」

このように考えるのが、普通の固定概念を持った社長の考えることです。

しかし、そこで固定概念を外して

「もしかすると他の発注者は出しているかもしれないぞ」

と手を動かして調べてみることが大切なのです。４つのタグの考え方に基づき、インターネットで様々な発注者をひたすら探していただきました。探すのには、大学生の息子さんも手伝ってもらったそうです。

ここで大学生の息子さんに頼んだのが正解でした。**固定概念がまったくないために、事前の予想を一切せずにインターネットで探し続けることができるからです。**

すると、東京や国が足場の案件を出していることを見つけたのです。

「じゃあ、その発注者の入札に参加できるようにしよう！」

と、入札参加資格申請を行い、発注できる体制を整えました。

そして、入札できる案件探しが始まりました。足場の仕事があったとしても、実績がない中で入札できるとは限りません。**ただでさえ少ない足場の仕事の中から、実績がなくても入札できる案件を見つけ出さなければいけないのです。**

私がコンサルティングについていない普通の会社であれば諦めたはずです。探しても探しても見つからないわけですから。しかしこの会社さんは諦めずに探し続けました。

1ケ月ほどたった頃、

「水嶋さん、入札できる案件が見つかりました！」

と連絡がきたのを覚えています。この会社は神奈川の会社ですが、見つけたのは東京の案件でした。いざ入札をしようと書類を用意して提出に行ったところ、

「もう〆切を過ぎていますよ」

と言われてしまいました。

「水嶋さん、下手打ちました」

手続の期限が切れてしまっていたのです。

はじめての入札だったので、手続きの期限をチェックしていなかったのです。

「見つけたら、すぐに入札しないと駄目だ」

ということをこの会社は学びました。

引き続き、様々な条件で探し続け、再び入札できる案件を見つけました。

2回目に見つけたときは、すぐに入札の手続きを取り、この会社ははじめて入札することができました。落札することはできませんでしたが、その時に同じ入札に参加していたライバルを分析をすることで、入札できる案件がありそうな発注者を見つけることができました。

そうしてさらに発注者を増やし、案件を探して見つけたとき、この会社は再び入札をすぐに行い、落札へと至ったのです。実績が手に入ったので、次からは入札できる案件を見つけやすくなりました。

また塗装の会社と組むことで、足場を組む必要のある塗装の案件を取りに行こうという戦略のもとに、入札を定期的に行う計画を立てています。

このように計画を立てることで、社員にどの資格を取らせるかを選べるようになります。何も考えなしに資格を取らせようとすると、とび・土工での資格を取るのが普通です。この会社はとび・土工の会社にも関わらず、社員に建築一式・塗装などの他の区分における資格を取らせることをしたのです。

このように、まずはとび・土工での入札を行い、実績を作っていくとともに、塗装などの他の業種区分へと登録を増やしていき、落札の回数を段階的に着実に増やしていくということです。**公共工事への参入が難しい業種区分にも関わらず、固定概念を持たずに4つのタグを動かしたことで**、公共工事への参入を成功させた好事例だと言えるでしょう。

人と違うことをやるからこそ、意味がある

足場の会社であっても踏ん張って案件探しを続けたことで、この会社の未来は一気に明るくなりました。足場の会社が公共工事に参入したことで、競合他社と圧倒的な差別化されたオンリーワンの会社になる未来が描けたからです。

足場の会社で元請けの会社になる会社はほとんどありません。元請になれば、下請けからはいい仕事をくれる会社だと思われるでしょうし、下請け仕事をくれていた元請け会社からの評価も変わるでしょう。社員募集をする際にも、他の足場の会社よりも有利になるでしょうし、銀行からの見られ方も変わります。

もし足場の会社のM＆Aの案件を銀行が持っていた場合、

「足場の会社であればこの会社がいいのではないか」

となるに違いないでしょう。

このように、**人と違うことをやることによって自社に希少価値が出るのです。**
3、4年後には地域で名をはせる会社になっている可能性が大いにあります。
「うちの会社は公共工事に合わないのでは」

と思っている経営者に勇気を与える事例だったと思います。

【事例4】とりっぱぐれで倒産寸前から特定建設業許可を取得！

4社目の事例は、株式会社Tです。

この会社も債務超過の状態でしたが、2社目で紹介した事例よりも負債額が大きく、資金繰りに問題が出始めており、いつ倒産してもおかしくない状態でした。お金がないため、田んぼの中にあるプレハブ小屋が事務所でした。冬に伺うと、事務所の中なのにまるで外のように寒かったのを覚えています。

会社の経営状態が悪いことを、社長はもちろんのこと社員もわかっていたようですが、それでもみなさん諦めずに一生懸命、仕事に取り組んでいました。そのような状況の中で、決して安くないコンサルティング代を払っていただいていたわけですから、私も背筋が伸びる思いでした。

この会社が大きな負債を抱えてしまった原因は、下請工事でのとりっぱぐれです。とりっぱぐれは、下請の建設会社が倒産する一番の原因です。**どんな建設会社でも、10年、20年やっていると1度や2度はこういったとりっぱぐれの経験があるかと思います。**

安い金額で工事を請け負ってしまうことで利益が出ずに赤字になってしまうことがありますが、そのようなケースはあったとしても数百万円の会社へのダメージです。

たとえば5000万円の工事を5500万円かけて工事を施工した場合、会社へのダメージは500万円です。

一方でとりっぱぐれ場合は5000万円が入ってこないわけですから、それまで健全な経営をしていた会社であっても、いきなり債務超過の状態に一気に陥ってしまうことになりかねません。

この会社のとりっぱぐれの総額は7000万円もありました。この会社の年間の売上はおよそ1億円でした。売上が変わらないとして利益率が10％だとしても、取り返すのに7年かかってしまいます。しかし実際は下請の仕事は利益率が10％を切る場合も多く、再びとりっぱぐれに遭うリスクは残っています。

7000万円のとりっぱぐれがあって以来、**資金繰りが苦しくなってしまい、キャッシュが手元にないため、利益率の低い仕事であっても受けざるを得ないという悪循環**に陥っていました。

社員に給料を払わないと工事を施工できなくなりますし、取引先への支払いが滞ると不渡りで倒産となってしまいます。利益率よりも資金繰りを優先せざるを得ない最悪の経営状態だったのです。

コンサルのきっかけは「落札できても受注できない」こと

この社長は、とりっぱぐれにあってから、

「やはり公共工事の方が固いだろう」

という心理になっていました。

公共工事は、税金でまかなわれているので取りっぱぐれが絶対にありません。だから一生懸命、この会社は公共工事に入札しました。入札も数多く行いましたが、落札できても、受注ができない。

その理由は、担保となる契約保証が用意できなかったからです。

公共工事の入札は、「こういう工事です、入札して下さい」と公告されます。その際、債務超過の会社はダメですとは言われませんが、落札したあとの契約の段階で担保となる保証を用意しなければならないのです。

ところが債務超過の段階では、銀行や保証事業会社などからいつ潰れてもおかしくないと見られているため、保証を受けることができなかったのです。

そうして困った末に相談相手をインターネットで調べ、わたしのところにきたというわけです。

この会社の社長と同じような話を聞いたことがある方は、

「債務超過の会社は、公共工事はできない」

という思い込みを持つことになります。

しかしそれは事実ではありません。なぜなら私は債務超過の会社であっても保証を用意することができるからです。こうして私のコンサルティングを頼っていただいたというわけです。

結果的に、この会社は公共工事を安定的に受注できるようになり、会社はつぶれずに生き延びることができました。私と出会わなければ公共工事が受注できなかったわけですから、今頃この会社は潰れていたかもしれません。

公共工事は４割が先に入金されますので、資金繰り悪化による利益率の低い民間工事の受注という悪循環を断つことができます。公共工事の利益率は下請工事よりも高いので、債務超過から脱するのに必要な年数も圧倒的に短くできます。そして当然のことですが、公共工事は税金でまかなわれているので、発注者側の問題でとりっぱぐれになることはありません。

この会社の場合は2年たたないうちに債務超過から脱することができました。

そして3年目には特定建設業許可を取り、いまでは売上4億円、純利益６０００万円の優良企業に変身しました。もちろん、今はプレハブ小屋から卒業しています。

株式会社Tに実施したコンサルティング内容

「3年かけて特定建設業許可を取りましょう」

コンサルティングをはじめるにあたり、まず行ったことが目標設定です。債務超過の状態であるにもかかわらず、何を言っているのかと当時の社長には思われたかもしれません。普通のコンサルタントであれば、債務超過の状態から脱出することを目標としたことでしょう。

しかし私からすると、債務超過の状態から脱するのと、それに加えて特定建設業許可を取ることとは、それほど大きな違いではありません。特定建設業許可を取るには4000万円の純資産が必要ですから、3年間で4000万円の利益を追加で稼げばいいだけです。特定建設業許可を取るということは、ステージ2をクリアしてステージ3に行くということです。

ステージ3にいけば、たった1件の落札で年間売上を超えるような入札を行っていきますから、会社の急成長が実現できます。

「どうせがんばるのならば、社長には独立当初の野心を叶えてもらいたい」

そう思い、私は社長に対して特定建設業許可を取ることを提案したのです。

さらには、

「今の民間仕事での下請仲間を元請として下請けで使いましょう！」

と提案しました。特定建設業許可を取ることで、今の下請仲間の会社に仕事を出していく元請会社になれるとお伝えしたのです。

下請会社としての期間が長い社長さんでしたので、下請根性が出てしまわないよう、今の下請仲間の会社とはまったく別の会社へと生まれ変わる意識を持っていただいたのです。

３年後の目標が定まりましたから、あとは1年ごとに上げるべき利益額を算出し、それを実現するためのプランを立てました。売上にこだわるのではなく、利益から逆算する考え方で仕事を選んでもらいました。まずは下請工事ではなく、公共工事で最大の利益を確保するために、定期的な入札を行って頂きました。

次に、４つのタグを固定化しないための取り組みをしました。公共工事の公告が多く出る時期のみならず、少ない時期でもしっかり入札できるよう、新たな発注者への申請を行いました。工事のエリアも広げました。下請け仕事では県外にも行くにも関わらず、なぜか公共工事では県内のみに限定しておられたので、限定を外したのです。業種区分も管工事だけでなく、土木一式、その他にも登録を追加しました。単価も今までの入札単価のゾーンを広げ、安いもの・少し高いものでも入札して頂くようにしました。また、資格者対策も同時に行いました。次の項で触れますが、資格者対策は非常にいい形で成功しました。

一方で、**利益率の低い下請け仕事は断って頂くことにしました。**公共工事を優先していくことで、それが可能になりました。利益率が○○％未満なら下請仕事は断るという社内のルールもできました。

そして3年後、この会社は特定建設業許可が取れました。その後もこの会社は成長の歩みを止めず、そのままステージ3での単価UPへと取り組みを続けました。

一式工事に追加登録することで1億円近い案件も受注するようになり、「下請仲間を元請会社として使う」という当初のイメージをすでに実現しました。

専門工事においても特定建設業許可を持っていることで入札が可能となる案件が増えました。当然、特定建設業許可を持っている企業しか入札できない案件はライバルが少ない傾向にあります。

さらには、公共工事だけでなく元々行っていた下請工事においても、3次で請け負っていた状態から1次で請け負う状態へと変わっていきました。

公共工事における落札単価、落札確率はもちろんのこと、下請工事における売上や利益率までもが上がったわけです。特定建設業許可をただ取るだけではこのようにはなりません。公共工事で積み重ねた実績をうまく活用することで、ステージ3では周りの建設会社や銀行も驚くような急成長を遂げることができるのです。

資格者対策のきっかけは「１人の女性社員」

この会社の経審対策のうち、早い段階でうまく進んだのが資格者対策です。

社員自らが、

「わたしが資格を取れば経審の点数があがるのか」

と気づき、やる気になったからです。

そのきっかけは、この会社にお金がなかったからでした。通常、公共工事を始めようとしたとき、ほとんどの会社は行政書士に経審の取得を丸投げしてしまいます。ただこの会社は、お金がないために自社で経審の取得をしたのです。その時の担当者の女性社員が経審の申請を行うことを通じて、

「うちの会社は債務超過だから点数が悪い」

ということに気づき、自らの意志で資格を取ろうと勉強を始めていたのです。

私のコンサルティングがスタートし、経審対策を始めたときにはすでにこの女性社員は資格に受かる気まんまんでいました。彼女がはじめに取り組んだ資格は、２級管工事施工管理技士でした。彼女が勉強していた当時、

「資格の勉強は大変じゃないですか？」

と聞いたところ、

「資格の勉強を通して現場のことがすごくわかるようになったし、会社のことや工事の内容もよく見えるようになって楽しいですよ」

と、やる気に満ち溢れていたことを覚えています。

ただ、社長は彼女が合格するとは思っていませんでした。しかし、彼女は一発で受かりました。それどころか、そのまま彼女は1級の管工事施工管理技士に取り組み、そちらも一発で合格したのです。いまでは土木施工管理技士の1級まで取得しています。

1人の社員が資格に合格すると、他の社員にもいい影響が出てきます。特に影響を受けるのは、資格を取得した社員よりも立場が上の人間たちです。

「部下が資格を持っているのに、自分は資格がない」

という状態だと、格好がつかないのです。特にその社員が女性だと、男として示しがつかない、となります。受験をするからには、受からないと格好がつきません。

こうしてこの会社には、社員全員が資格を受けるという「会社のルール」と、社員自らが会社に残って勉強するという「会社の風土」ができました。

女性社員は、資格に受かったことで
「邪険にされていた現場主義のおじちゃんからも仕事の質問をされるようになりました」

と言っていました。ここまでくれば、勝手に資格者は増えていきます。

今年は４人の社員が、取得が難しい１級土木施工管理技士に受かりました。資格者対策は自社の社員に試験を受けさせればいいわけですから、お金をあまりかけずにできる経審対策です。経審の点数が上がるのはもちろん、資格者が条件となる入札に制限がかかることがなくなり、入札の数を増やすことにもつながります。

同時に複数の工事を施工できるようになりますから、売上は自然と伸びていくことになります。

短期間ですぐに結果が出るものではありませんが、間違いなく行った方がよい対策だと言えるでしょう。

経審のシミュレーションで未来が見える

前述の女性社員に

「経審の申請を行政書士に頼む会社が多いんですよ」

と伝えたところ、

「えー、考えられないです。経営事項審査は自社でやった方がいいですよ。そうしないと、経審の点数の上げ方はわからないじゃないですか」

と言っていました。

この女性社員が言うように、自社で経審の申請を行うからこそ、経審の対策方法がわかってきます。

自社で経審の申請を行う中で自然と使うようになるのが、経審のシミュレーションソフトです。このシミュレーションソフトを自社で使うことで、どのように経審対策を行うのが自社にとって最も有効な対策方法なのかが見えてきます。考えられる経審対策すべてに取り組むのが理想ではありますが、現実にはお金も時間も社員の数も限られています。

たとえば、社員3人なのに資格者を5人にしたい、と言っても難しい話です。それを実現するのは資格保有者を新たに雇うか、非資格者を雇って資格の勉強をしてもらうかになります。

資格保有者を雇うには高いお金が必要となりますから、それがもっとも効率的なお金と時間の使い方なのかという疑問が出てくるわけです。だったら**経審対策において決算書対策の場合はどうなのか、福利厚生の場合はどうなのか、と1つ1つ経審の構成要素をシミュレーションすることで、対策ごとの優先順位や重要度が見えてくるのです。**

まずは自社の現状の中で、無理せずできる範囲でできる最優先事項からはじめればよいということです。行政書士に一任してしまうと、この最優先事項はわかりません。もちろん、この最優先事項1つだけを取り組めばいいわけではありません。

たとえば1年間で経審の点数を100点アップさせたいとしましょう。その場合、元請比率をいくらにすれば何点アップ、資格者を何人に増やしたら何点アップ、福利厚生をこうしたら何点アップ、というように「具体的な対策方法」と「各項目の点数」とを結びつけるのです。そうすれば、

「このままいけば100点アップできるぞ」

と見通しを立てながら対策を進めていくことができるのです。もちろん、プラン通りにすべてが順調に進むことはほとんどありません。そのため四半期ごとにプランの見直しを行います。

計画通りに進んでいない対策があれば、

「まずい、このままだと20点分足りないぞ」

というように具体的に何点分足りないかを計算し、

「だったら別の対策で20点をカバーしよう」

と年間の目標は変えずに済むようにプランの見直しを行うのです。

行政書士は経審対策のプロではないので、プランの立案や見直しのためのミーティングを行ってくれることはないでしょう。**点数を具体的に考えていくためには、自分で経審のシミュレー**

ションソフトを使うことが必須となるということです。シミュレーションによって社員の努力が経審の点数にどのように反映されるかがわかるようになりますので、経営者の意識はもちろんのこと、社員1人1人の働きがいやモチベーションアップにもつながります。

ぜひ自社で経審のシミュレーションは行うことをおすすめします。

ステージ4のM&Aへの取り組みをステージ3でスタート

この会社が今挑んでいるのはステージ3です。ステージ3は、たった1つの工事だけで年間売上を超えるような大きな工事を落札するというフェーズです。

すでに売上は4億円を超え、年間６０００万円の利益が出ています。経審の点数も順調に上がっていますし、決算書も良くなっています。

ただ、公共工事だけで売上10億円に行くにはまだまだ足りないところがあります。特定建設業許可が取れ、土木一式での工事登録を行ったものの、実際の入札は管工事の専門工事が多く、土木一式での落札がなかなか増えていかないのです。特定建設業許可を活かした土木一式での工事を、ライバルの少ない土俵を選んで戦えば、すぐに7億から10億円の売上になってもおかしくありません。

原因はいくつかありますが、その1つに土木一式の工事における下請会社の開拓ができていないことがあります。

そこでこの会社の社長には、本来ステージ４で取り組むべきＭ＆Ａを先回りで始めていただくことにしました。**Ｍ＆Ａで会社を買ったら、その会社の下請会社も一緒についてきます。それだけでなく、資格者や過去の公共工事の実績もすべて手に入ります。**

「なぜ急にＭ＆Ａの話になるの？」

と思うかもしれませんが、実はステージ２まで行ってきた経験がＭ＆Ａに活かすことができるのです。それは、ライバル分析の経験です。ステージ３にまで到達した企業の経営者であれば、ステージ２までで入札のたびにライバル分析を行ってきているはずです。重複することはあったでしょうが、１００回の入札を行えば、ライバル分析を通じて数百社近くのライバルを見てきたわけです。その経験を生かすことで、Ｍ＆Ａを活用して今の会社をさらに発展させることができるということです。

Ｍ＆Ａというと

「誰か買いませんか？」

という売り手主導型をイメージするかもしれませんが、私がここで言うＭ＆Ａは必ずしもそうではありません。

建設会社は特に年配の社長が多い業界です。

「そろそろやめようかな、しんどいな」

という建設会社は全国に数えきれないほどあります。

そういった建設会社とコミュニケーションを取り、関係性を作っていく中で、

「頻繁に相談に乗って頂いているから、経営もお願いしようか」

と事業承継のような形でM＆Aになる場合も少なくないのです。

ステージ4でM＆Aを紹介していましたが、ライバル分析の経験があればステージ3の段階から取り組んでもよいということです。

この会社は、私がコンサルティングを行ってきた中でもっとも経営状態が悪かった企業です。

「すべての建設会社は公共工事を行うとよい」

とわたしが自信を持って言えるには、この会社のおかげでもあります。

公共工事の可能性というのはとても大きなことだと私自身も実感したコンサルティング事例でした。

打つ手はいくらでもあります。

あなたの会社もあきらめずに業績アップを目指してほしいと思います。

【事例5】粉飾決算でボロボロの会社を1年で立て直し

３社目で紹介する会社は、粉飾決算でボロボロだった会社の事例です。わたしの元に相談に来たのは、２代目社長でした。この２代目社長は、粉飾決算を知らずに会社を継ぎました。

「社長を継いでくれ」

と先代に言われ、引き受けたのです。

元々、現場で働く一従業員だったこの２代目社長は、経営のことはわかりません。何のことかよくわからないまま株を譲り受けました。株の金額として４０００万円を創業社長に支払うように言われましたが、個人で持っているお金はそんなにありません。

そこで会社から借入を行い、創業社長に４０００万円が支払われました。こうして２代目の社長になり、はじめての決算の時にわかったのが、粉飾決算です。売上が数億円は立っていましたが、利益が出ておらず赤字だったのを隠して黒字経営として申告していたのです。

つまり、株の価値は４０００万円もしなかったのです。しかしすべては後の祭りです。

赤字で利益が出ていなかったうえに会社にあった現金４０００万円が創業社長の元へと消えてしまいましたから、このままだと倒産まっしぐらです。**２代目社長は、完全に騙されたというわけです。**お金を受け取った創業社長とは連絡が取れない状態になっていました。

ここでこの社長は逃げずに立ち向かう決意をしました。そのためには大胆な改革を行う必要がありますから、様々な専門家に相談しに行く中で、私のところに相談に来たというわけです。先代が行ってきた粉飾決算をやめ、会社を生まれ変わらせる。

「そのためには、公共工事での立て直ししかありません」

わたしの言葉を社長は信じてくれました。こうして公共工事のコンサルティングを始めることになりました。

結果、わずか1年で黒字経営の状態へと持っていくことができました。決算書も改善され、4000万円の社長個人への貸付もなくなりました。今では特定建設業許可の取得まで行うことができました。売上にして3倍、工事単価は5倍から10倍となりました。

いまでは5000万円以上の工事の落札が当たり前となるようになり、過去に行ったことがない土木一式の1億円以上の公共工事も落札するようになりました。公共工事のレクチャーと実践により、今では2代目の社長は経営者らしい考え方ができるようになってきました。

「公共工事は実は経営者育成ゲームである」

と私はよく口にします。

この会社の社長に限らず、公共工事のステージを1つずつクリアしていくことで経営者が成長していくのを目にするたびに、確信しています。

株式会社Rに行ったコンサルティング内容

コンサルティングをスタートした当時、この会社はただ市や県の案件に入札しているだけで、１０００万円台の工事の受注にも四苦八苦している状態でした。第３章でお伝えしている５つのステージで言うと、ステージ０での戦略づくりからやり直す必要がありました。

戦略作りは、経営者としての積極的な姿勢が求められます。私に言われてやる、という受動的な姿勢ではいけないということです。

ところがこの社長は元々現場にいた従業員でしたから、やれと言われた仕事をやるという「従業員気質」が言葉の端々に出てきてしまっていました。

たとえば、私が公共工事におけるコンサルティングを行う際にも「それで私は何を行ったらいいのでしょうか」

のように、指示を出すリーダーとしての質問ではなく、指示を受ける従業員としての質問をしてしまうのです。このような受け身の姿勢のままでは、ライバルとの競争の中で公共工事を勝ち取ることができません。まずはこの**「従業員気質」を「経営者気質」に変えることが重要**だと感じ、

「ちゃんと教育しよう」

と社長を事務所にお呼びし、1対1で何度もお話しさせていただきました。それからは公共工事を主体的に自分の力で取っていく考え方になられました。

たとえば1億円の工事を落札できるようになり、施工を経験する中で、

「やってみてわかりましたが、工事なんて1000万も1億も同じですね」

と言っていました。

単価が1億円を超えるような大きい工事であったとしても、必要な段取りはたいしてかわらないということです。

例えば1キロメートルの道路工事を10回やるのであれば、10キロメートルの工事を1回やったほうが良いでしょう。1回の工事であれば、段取りが1回で済むからです。ならば小さい工事を何回もやって1億円の売上を立てるより、1回で1億円の工事を受注してしまった方が楽だということです。

小さい工事をやらなくて良いというわけではありませんが、単価のイメージが確実に変わったエピソードと言えます。

決算書がコントロールできれば公共工事で成功できる

レクチャーの中で大部分を占めたのが、決算書です。公共工事に限らず、決算書は銀行が融資の際に必ずチェックしますし、民間大手との取引の際に開示を求められる場合もあります。公共工事においては、落札後に必要となる契約保証を保証会社などから受ける際に重要となります。

また、決算書の改善は経審の点数アップにもつながります。そのため、決算書をコントロールすることが公共工事において重要な位置を占めるのです。

決算書にはＢＳ（貸借対照表）とＰＬ（損益計算書）の２つの表がありますが、この２つのうちＢＳの方が重要です。

例えば銀行が決算書を見るときに真っ先に見るのがＢＳです。それにもかかわらず、多くの経営者は売上や利益については気にするものの、財務状況を表すＢＳには意識が向いていません。ＢＳをコントロールどころか、自社のＢＳを把握すらできていない会社がほとんどなのです。そのような状態では、公共工事で他社との競争に負けても仕方ありません。

ＢＳは決算日における財務状態を表したものですから、ＢＳをコントロールするとは、決算日における財務状態をうまくコントロールすることを意味します。極端な話、決算日の前日まで財務状態が悪くても、決算日当日の財務状態がよければ決算書のＢＳをコントロールできているということです。もちろん粉飾決算や脱法行為を意味するわけではありません。

ＢＳを通じた経審対策の例として1つご紹介しましょう。

ご自身で経審シミュレーションを行えばわかりますが、例えば固定資産が多いと経審の点数は下がります。車や重機を購入した場合は固定資産になりますから、それらを売ってリースに切り替えることでＢＳを改善し、経審の点数アップを図ることもできるのです。

このように短期間でＢＳを改善する方法もありますが、中長期でＢＳを改善するためには純資産を増やしていくことが大切です。

したがって、ＢＳと同時にＰＬのコントロールを行うことも大切です。売上や利益の年間計画を立てたうえで毎月チェックを行い、計画通りの数字になるように調整をすることで、目標とする経審の点数へと上げていくのです。

この会社の社長さんには、以上のような決算書に関するレクチャーを基礎知識として真っ先に押さえていただきました。

その上で、経営者として次の決算時にどのような決算書にするかという目標を定めていただき、できる対策を上げては毎月進捗を確認し実行に移していただきました。

また、この会社は社長への４０００万円の貸付があること自体が銀行からの評価を下げる要因となってしまうため、貸付をゼロにする対策も行いました。

こうして決算書の改善をベースにした取り組みを行うことで、公共工事でライバルに勝つための体制ができあがっていきました。

2年で特定建設業許可を取得し、工事単価は1億円に

1年後、この会社は粉飾決算なしに決算を無事に終えることができました。経審の点数があがることで入札ランクが上がり、ライバルの少ない入札案件を探しやすくなったため、利益をさらに積み上げやすくなりました。

コンサル2年目の決算ではさらに決算書が改善され、純資産４０００万円もクリアして特定建設業許可の取得もできました。

コンサル3年目は特定建設業許可を活用して一式工事に入札するようになり、1億円以上の工事を落札し施工するようになりました。

単価の高い大きな工事を行うには、一式工事に登録を増やすことと、入札ランクを上げて

いく必要があります。**入札ランクは経審の点数でおおむね決まりますから、経審対策に力を入れるのが経営戦略上、重要だということです。**

今ではこの会社は市でAランクになりました。県ではまだBランクですが、Aランクになるのも遠くないことでしょう。

このように経営視点を取り入れ、戦略的に決算書をコントロールすることで、工事単価が上がり、会社のお金が目に見えて残るようになっていきました。

資格者が増えない理由を社員のせいにしてはいけない

会社のすべての責任は経営者にあります。うまくいくもいかないも、すべては経営者しだいです。このように考えることを「自責思考」と言います。

反対に、うまくいかないのは社員のせいだと考えるのは「他責思考」です。**この会社の社長は元々従業員だったこともあり、自責思考ではなく他責思考で考えてしまいがちな傾向がありました。**

例えば、売上が上がらない理由として

「社員が資格試験を受けても合格できない」

「資格者が少ないので入札もあまりできない」

と言っていました。

このように社員の責任にしてしまうのが他責思考です。自責思考ならば、

「社長として資格者を増やすための有効な手を打てていない」

というように経営者自身としての取り組みが言葉になるはずです。

資格者を増やすための方法はいくらでもありますし、そもそも資格者を増やさずに別のアプローチで売上をさらに上げることもできるかもしれません。他責思考から自責思考に変えることで、ものごとをより広い視点で見ることができるようになります。

色々とお話しさせていただいた結果、資格試験に受からない社員に対するアプローチではなく、新たに人を雇うという解決策を選びました。雇ったのは資格保有者ではなく、資格をまだ持っていない人です。資格保持者は人件費として高くつきますし、離職率が高い傾向があります。さらには女性や若者あるいは老齢な方を採用しました。

つまり、**受験対象者から現場でバリバリ活躍できる経験者をあえて外したのです。**女性や若者、あるいは老齢の方は現場で活躍するのが難しいことを自覚していますから、資格試験の合格に意欲的になりやすい傾向があります。

そのうえ、現場経験が豊富な人間よりも安いコストで雇えます。つまりこちらから積極的

に社員を変えるための働きかけをする必要がなく、自然と資格取得へと意識が向きやすいということです。

他責思考は、資格者の問題に限りません。

「入札案件が少ないから」

「同じ入札に参加しているライバルの数が多いから」

「仕事を頼む下請がいないから」

というように自分以外の誰かの責任にしてしまうと、問題は解決に向かいません。自責思考を持ち、広い視点を持って解決策を打ち出すことが公共工事においても大切なことのです。

ステージ2をクリアして満足してはいけない

すでにこの会社はステージ2をクリアして安定収入が得られる状態にまで成長したと言えます。数千万円の工事が安定的に受注できるようになり、4億円前後の売上が楽に上がるようになったことで、この会社の社長さんはほっと一安心したことでしょう。

しかしながら、この程度の売上で満足してしまってはいけません。公共工事における本当の成長はここから始まります。

それがステージ3における単価アップによる成長です。4億円前後の安定的な売上に満足することなく、１本で4億、5億といった大きな工事に目線を向け、入札を増やすことで倍々での売上アップを達成していくのです。それにあたって重要なのが、固定概念を外していくことです。ステージ2での取り組みを通じて固定概念は大分外れてきていますが、まだまだ足りない部分が残っています。

たとえば業種区分です。業種区分を造園のみだったところから土木一式に登録を増やしてはいますが、もっと他の業種区分にも登録することで可能性を広げることができるはずです。また、エリアにおいても現場が近くの工事への意識がまだまだ強く残っており、遠くのエリアの工事に目が向いていません。

第2章のルール5にも書きましたが、固定概念を外すには定期的な入札を行っていくことが大切です。

すでにこの会社は年間50件ほどの入札ができていますが、**入札回数が多い月と少ない月のバラつきが大きいのです。**これは入札案件が多い月には入札をたくさん行う一方で、入札案件が少ない月には入札が減ってしまっていることが原因です。

入札案件が少ない月であったとしても、あらかじめ決めた入札頻度を守ろうとすることで、新たな発注者を探したり、未経験の業種区分にもチャレンジしようとしたりといった固定概念を外すためのきっかけにするのです。

固定概念が外れて入札案件が探せるようになると、掘り出し物の入札案件を見つける楽しさを感じられるようになります。それが単価アップによる急成長という経営の楽しさにもつながります。

この社長さんは危機的な状態の中で経営者としてのスタートを切りましたので、楽しむような余裕がこれまではなかったかもしれません。しかしステージ3からは、楽しむという意識を持つことが成長にもよい影響をもたらすことと思います。

まだまだこの会社は成長する余地が残っていると言えるでしょう。

【事例６】売上４億円から25億円にまで急成長

売上20億円以上の売上アップを達成した株式会社Aをご紹介します。

私と出会った時、この会社はすでにステージ３で単価の高い工事への入札にチャレンジしている状態でした。公共工事によって売上はすでに２億円を突破しており、他の事業と合わせた全体の売上は約４億円で、特定建設業許可もすでに取得していました。

なぜこの会社が公共工事に参入でき、自社による取り組みだけでステージ３へと到達できたのか。その理由は２つあります。

１つは、この会社の社長が戦略をしっかりと描いてから参入したことです。

「東北で震災復興の公共工事がたくさんある」

このような情報を入手したことをきっかけに、

「どの業務区分の工事がたくさんあるのか」

「どんな単価の工事がたくさんあるのか」

「どんな発注者が工事をたくさん出しているのか」

と４つのタグ１つ１つについても考えていたのです。

もう1つの理由は、M&Aをしたことです。公共工事を受注するために有利となる条件を調べ、それを満たすためにM&Aを利用したのです。

地元の岡山にある建設会社に都合のいい会社が見つかったため買収を行い、さらに入札条件を満たすために新たに東北に事務所をつくって、そこを本店としました。

その結果、この会社は1億円を超える案件を落札するようになりました。

「よし、このまま売上を伸ばしていくぞ」

ところがこの会社が用意していた契約保証額は2億円しかありませんでした。すでに1億円を超える工事を受注して、まだ施工が終わっていなかったので、残っている保証額は1億円に満たない額です。

つまり、1億円を超える工事が落札できても受注できないという問題にぶつかってしまったのです。

そこで私のところに相談に来られたというわけです。私はこの会社がこの先ぶつかる問題についても経験上わかっていましたので、今抱えている保証問題だけを解決するのではなく、年間でのコンサルティングを行う提案をさせていただきました。

この会社の社長さんが目指しているのは10億円どころではない規模の会社へと成長していくことでしたので、

「やはり公共工事のことは公共工事のプロに聞きながら進めた方がよい」

と判断いただき、コンサルティングがスタートしました。

その後、この会社は億単位での成長を続け、3年後には売上13億円、またその3年後には25億円へと成長しました。**そのすべてが公共工事による売上です。**

つまり、私がコンサルティングに入って21億円の売上アップです。私がコンサルティングに入らなかったら、保証額の問題で成長はすぐに止まってしまっていたでしょう。

また、ステージ3で起きる様々な問題を乗り越えることができずに、売上10億円を突破できなかったかもしれません。

株式会社Aに対するコンサルティング内容

この会社はすでにステージ3の単価アップの段階にいました。この会社の場合は、ステージ2までの対策で甘いところがありましたから、経審対策やライバル分析などについても指導を行いました。

ステージ3になると、経審対策やライバル分析における目線を高くしていく必要がありますから、**いままでよりも売上規模が大きな会社をライバルとしなければいけません。**

そのために真っ先に取り組んだのは契約保証の額をあげることでした。

「保証額は3倍ぐらいにはできますよ」

はじめてお会いした時に、私はすぐにそのようにお答えしました。なぜなら、この会社は1つの保証会社からしか保証を取っていなかったからです。後日、私が損保の会社を紹介していった結果、すぐに4社から保証を受けることができ、保証額は6億円以上となりました。

保証額が上がったことで

「そんなに枠があるなら、5億の案件にも入札しようか」

というように、社長の目線は自然と高い単価の入札へと向くようになりました。

高単価の入札のためには、高い入札ランクが必要になります。

「入札ランクをあげるには、経審の点数があと何点足りない」

と経審の目標も設定しやすくなりますから、経審対策への取り組みも行いやすくなります。

保証額を上げることと、経審の点数を上げること。

この2つが両輪となって、ステージ3における単価アップは実現するのです。

こうして株式会社Aは、契約保証対策と経審対策の2つに真剣に取り組むように変わり、急成長への土台を築くことができました。

決算書の内容にしては評点が低すぎる

保証額が6億円以上になったことで、この会社の社長さんは喜びましたが、

「喜んでいる場合ではありません。もっと上げていきましょう」

とお伝えしました。


ほとんどの公共工事、特に億を超えるような額の大きい工事は、落札後に担保となる金融機関などからの保証を求められます。そのため、受注できる公共工事の総額は、用意できる保証額によって制限されることになります。

この会社が用意できていた保証額が6億円になったからといって、それで十分というわけではないのです。5億円の工事を一度受注したら、その工事が終わるまでは残り1億円の枠の中でしか入札ができなくなってしまうからです。

そして、この会社については、

「まだまだ保証額は上げていける」

と私は見ていました。なぜなら、この会社の決算書がなかなかいい状態であったにしては、1社あたりの契約保証額が低かったからです。

調べたところ、帝国データバンクの評点が決算内容にしては低く、おそらくこれが原因で保証額が伸びなかったことがわかりました。確認したところ、この会社は帝国データバンクに対して特に何の情報提供も行っていないとのことでした。帝国データバンクからの問い合わせを受けた際の対応方法に問題があった可能性も考えられます。

帝国データが下請会社や元請会社などの関係会社に質問していった中で、誰かがこの会社のことを悪く言ったのかもしれません。帝国データバンクは様々な方法で企業の情報を入手し、総合的に企業価値を算出するため、多面的な対策を打たなければいけないのです。

対象の取引先からネガティブな情報を得た場合、帝国データバンクなどの信用調査会社はそれを加味して点数を低くつけてしまうという傾向があります。信用調査会社は警察ではありませんから、誰かが自社のことを悪く言った際に、それが本当のことなのかをきちんと調べてくれるとは限りません。

重要なのは、自社からも積極的に情報提供をしていくことです。 こちらから情報を提供すれば、両者の言い分を聞いた上で判断をしてくれるようになります。

そこで帝国データバンクにきちんと自社の情報を提供するとともに、帝国データバンクからの印象を良くする方法をお伝えしました。すると、それだけで評点が一気に10点以上あがったのです。

評点が上がったことで、保証会社４社から受けられる保証額を一段とアップすることができました。こうしてこの株式会社Ａの保証額は一段と高くなり、経営者の目線はより一層、高単価な入札へと向くようになりました。

経審の点数も上げていったことで、10億円を超えるような案件にも入札するようになりました。

結果的に、２年後の売上は7億円、３年後の売上は13億円と急激な成長を遂げることができました。

売上がすべてゼロになりかねない事件が発生

ある時、保証会社のうちの1社からの保証額が急にゼロになってしまうという事件が発生しました。

保証会社が参照している情報はどこも似たようなものですし、保証会社同士も情報を共有していますので、**このままでは他の保証会社からの保証もゼロになってしまいかねません。**公共工事を続けることができなくなる大ピンチです。

「何が原因だ」

わたしはあらゆる方法や人脈を使って情報を集めました。

そしてわかったことは、ある信用調査会社からの評価が著しく落ちているということでした。評価が落ちた原因は、ある下請会社とのトラブル案件でした。そのトラブル案件により信用調査会社からの評価が一気に下がり、その信用調査会社から情報を得た保証会社が保証額をゼロにしてしまったのです。

保証会社同士は情報を共有していますから、

「あの保証会社が保証額をゼロにしたのなら、うちも見直した方がいいのでは」

となり、他の保証会社からの保証額もゼロにされてしまう危険があります。

早く手を打てば、他の保証会社からの保証額が減らずに済むかもしれない。そしてゼロになってしまった保証額を元に戻してもらうこともできるかもしれない。急いで私は社長に行うべきことを伝えました。

それは、評価を下げた信用調査会社と面会し、そのトラブル案件についての内容を説明し、こちらに非がないことを説明するのです。結果的に、その信用調査会社からの評価を回復することができ、その証拠にゼロになったとある保証会社からの保証額を戻してもらうことができました。そして、他の保証会社からの保証額が下がってしまうこともありませんでした。

こうして株式会社Ａは保証額が激減してしまう危険を回避し、会社の成長を続けることができたのです。

通常、信用情報というものは一度劣化するとなかなか回復しにくいものです。**法人としての信用を担保し続けることは公共工事においてとても大切なことです。**売上を億単位で伸ばしていくステージ3では、売上を上げるための「攻めの対策」だけでなく、売上を下げないための「守りの対策」も重要になってきます。

今回ご紹介した「守りの対策」は、信用調査会社に対して他社とのトラブルについての正確な情報を提供することでした。

次の項では、この会社が行ったもう1つの「対策」についてお伝えします。

億単位の「スピード成長」の秘密は無借金経営にあった

公共工事は4割が先に入金されますから、資金繰りはかなり楽になります。

しかしステージ3では億を超える工事を落札していきますから、工期がステージ2で受注する工事に比べてとても長くなります。

この会社は高単価の案件ばかりを落札していたので、資金繰りに不安がありました。工期が1年を超えるような大きな工事の場合、手元の現金が足りなくなってしまうことが起きてくるのです。

そのようなときに銀行から借り入れをしてしまうと公共工事の受注に制限がかかってきて

しまいます。なぜなら銀行借入により決算書が悪くなり、結果的に帝国データバンクなどの信用調査会社からの評点が下がってしまうからです。

また、経審の点数も下がりますので、翌年以降の入札にも影響が出てきてしまいます。受けられる保証額が下がってしまっては、マイナス成長になりかねません。そこでこの会社には「銀行借入をゼロにする方法」をお伝えし、実行していただきました。

たとえば、工事請負代金を早期に現金化する方法です。ある方法を使えば、前受け金の4割だけでなく、残りの6割も早期に現金化できるのです。この方法をお伝えしても実行しない経営者がほとんどなので、いかに銀行借入が公共工事にマイナスとなるかを経審と決算書の関連性を交えて丁寧にお伝えし、理解していただきました。

これにより、社長の借入金に対する意識はずいぶんと変わりました。そして対策を行った結果、この会社は比較的早い段階で無借金経営となりました。

ステージ2では経審対策の一部として決算書対策も行いますが、そのときは無借金にまですることは必要ありません。**しかしステージ3では大きい単価の工事を受注するために、ステージ2とは違った決算書対策が必要となるのです。**

無借金経営により経審の点数があがると入札ランクがあがっていきますから、高単価の工事に入札できるようになり、年数億円という単位で売上が上がっていくスピード成長につながります。

経審の点数や信用調査会社の評点は、民間の取引においてもチェックされますから、公共工事以外の売上も立ちやすくなります。

無借金経営をしていると銀行からの信用が高まりますから、銀行と協力関係を結び、公共工事以外でのさらなる売上アップにつなげていくこともできます。

このようにして、この会社は数億単位でのスピード成長を維持し続けることで、私がコンサルティングに入ってから売上が上がり続け、６年後には25億円にまで売上を伸ばすことができたのです。

【事例7】B to Cが嫌になった会社が公共工事で大成功

事例の5つ目は、株式会社Gです。

建築の工事を中心に行う社員数8名の会社で、年間売上は3億円でした。その売上のほとんどはB to Bの下請工事によるものだったため、**元請会社になろうと社長さんは私に会う前から色々と努力をされていました。1つは公共工事、そしてもう1つがB to Cの新築住宅の販売です。**

まずチャレンジされたのが公共工事です。しかしノウハウがなかったため、何をどう工夫すればいいかわからず結果が出ていない状態でした。年間1、2件程度しか受注できなかったと言います。

そんな中で社長が始めたのがB to Cの新築住宅の販売でした。大手建設コンサルタント会社からノウハウコンテンツを2000万円で購入し、そのノウハウを使って見込み客を集め、営業をしていったのです。

「よし、これでうちは下請の仕事に依存しないですむぞ！」

と進めていったところ、徐々に契約の獲得ができていったそうです。

ところが想定していなかったこともありました。それは、ＢtoＣは思った以上に手間がかかるということです。

ＢtoＣでは顧客が素人ですから、「できること」と「できないこと」がわかっていません。そのため工事を進めるにあたっての打ち合わせがスムーズに進まないことがよくあるのです。場合によっては、追加工事になることもあります。

手間がかかるということは、こなせる数に限界が出てきてしまうということです。ＢtoＣは単価が低いため、数をこなさないと売上が伸びません。数をたくさんこなしていくには社員を新たに雇わなければいけない。

このようなＢtoＣを行う事業者によくある悩みを持つ中で、営業マンの見積もりが甘く、赤字になってしまったこともあったと言います。

「ＢtoＣではない、別の方法がないだろうか」

と社長さんは考えていたことでしょう。

そんな時に、公共工事での売上アップをテーマにした私のセミナーに社長さん自らが参加されたのでした。

株式会社Gに対するコンサルティング内容

この会社は、公共工事を年に1、2本しか受注していなかったため、ステージ2の継続受注がまだできていない状態でした。よくあるケースですが、県と市の入札にしか参加していない状態だったのです。

「下請の仕事で、県外に出ることはありますか？」

と聞いたところ、

「東京の仕事をやることもあるよ」

とのことでしたので、

「でしたらなぜ、公共工事でも東京の仕事を取りに行かないのですか？」

とお伝えし、国や他県の入札も調べるように指導しました。

この社長さんはすぐにご自身の思い込みに気づいたようで、すぐに国の機関や他の市、他県の入札にも参加するようになりました。

「水嶋さん、この間は東京の新宿まで入札に行ってきたよ」

と報告もいただきました。

発注者に関する思い込みが外れ、入札数を増やすことができましたので、続いては入札後のライバル分析です。社長は元々ライバル分析への意識はあり、同じ入札に参加した会社の経審を調べてすべてファイリングしていました。

ただし、経審のシミュレーションをやっていなかったので細かい数字の意味はわからなかったようです。

また、**ライバル分析を通じて新たな発注者を開拓したり、ライバルの少ない入札を見つけたりする方法**も当たり前ですがご存じありませんでした。ライバル分析を通じて落札確率もあがっていきました。

こうしてステージ２での継続受注が順調に進んで行きました。この会社はすでに特定建設業許可を取得していたため、ステージ２と並行してステージ３の単価アップへの取り組みも進めていきました。

発注者ごとに、上のランクに行くために必要な経審の点数は異なります。

「この発注者で上のランクに行ったら、こんな工事に入札できるようになる」

という事を調べて

「経審があと何点あればランクが上がるのか」

という経審の目標点数を設定しました。

好循環サイクルで成功のイメージができた

「セミナーで教わった好循環サイクルがよかった」

もう何年も前のセミナーだったにもかかわらず、社長はいまだにセミナーで教わったことを話題に出してくれます。このセミナーで社長は公共工事に本腰を入れることにしたと言うのです。

好循環サイクルとは、公共工事に必要な対策を行うことで、公共工事にとって望ましい効果が連鎖的に起こることです。

この会社は特定建設業許可をすでに持っていたこともあり、ステージ2と並行してステージ3の単価アップの取り組みも進めていきました。単価アップを行うことで、好循環サイクルを効率よく回していくことができます。

この会社が取り組んだ好循環サイクルは、第3章で紹介した信用保証会社対策による好循環サイクルです。帝国データバンクの点数アップを図ったことで、保証会社からの保証枠を増額することができました。

また、新たに損害保険会社からの契約保証を増やし、単価の高い工事への入札を増やせるようにしました。売上や利益が伸びた結果、帝国データバンクの点数はさらにあがり、契約保証の額をさらに増額することができました。

もちろん経審の点数も上がりましたし、入札ランクもアップして単価の高い工事への入札をさらに増やすことができました。するとさらに業績が伸びますから、帝国データバンクの点数を上げることができるのです。ある点数にまで帝国データバンクの点数が到達すると、それまでは保証をしてくれなかった損害保険会社と契約ができるようになります。

損害保険会社は私の方で5社以上の候補を用意できますが、どういった会社の状態になれば扱ってもらえるのかという条件は会社ごとに異なります。

好循環サイクルを回していくことで条件を満たしていけば、損保会社を2社、3社、4社と次々に増やしていくことができるようになるのです。

また、決算書も整備していくことで、銀行からも契約保証を受けることができるようになります。

いまでは株式会社Gは損保や銀行など5社から総額で10億円以上の契約保証を受けることができるようになりました。

これはすなわち、同時に合計10億円以上の工事を受注できることを意味します。

下請対策による好循環サイクルで競争力と単価UPを実現

この社長さんが回した好循環サイクルは、実はもう1つありました。それは下請対策による好循環サイクルです。

工事単価があがることで、当然会社に残る現金も増えるようになります。公共工事の最終利益率は約2割ですから、1億円の工事の場合は2000万円が会社に残ることになります。単価の高い工事に加え、数千万円の工事も着実に落札し続けたため、キャッシュフローも安定しました。

キャッシュフローが改善したことで、下請との支払いサイトを短くする余裕が生まれ、金額交渉により下請により安い金額で工事をお願いできることになりました。

多くの元請会社は下請会社に対する支払いが遅いため、下請会社はキャッシュフローに悩んでいることが多いのです。そのため、支払いサイトが短い会社の仕事は、安い仕事であっても優先して行ってくれるのです。

下請会社が安く工事を行ってくれることで入札額を低く出せるようになりますから落札率が上がり、結果的に下請会社にも仕事が多く回せるようになってＷｉｎＷｉｎの関係性を作ることができたのです。

ただし、この会社の社長さんはすべての下請との支払いサイトを短くしようとされていたため、全員を公平に優遇する必要はないことをお伝えしました。必要以上に取引条件を優遇することで、決算書に響いてしまうと好循環サイクルが止まってしまいます。

いまではこの会社は7億８０００万円や11億円という単価の大きい工事への入札を行うようになっています。**昨年の年間売上は6億円ですから、自社の年間売上を1本の落札で超えるような入札を行っているということです。**

しかも利益率は20％以上で最終利益が2億円近く出ています。今では市で2番目に大きい建築会社にまで成長しました。今までやったことのないような10億円を超えるような入札に参加できるのは、下請対策ができている自信があるからこそでしょう。

このように自社の年間売上を1本の工事で超える入札を行うのがステージ3です。

今年はすでに売上が10億円を超え、数年後には20億円から30億円を達成する事業計画を銀行に話しています。

ここまで大きくなると、いよいよステージ4でのレバレッジを利かせる段階に入ったことになります。レバレッジを利かせるために、現在この会社は私の指導の元でＭ＆Ａにチャレンジしています。

ステージ4でM&Aを実施

この会社はすでにステージ4でのレバレッジを利かせた経営を行っています。建築ではすでに市で2番手の会社にまで成長しています。市で1番の会社は、創業70年の大きな会社でした。その会社を調べたところ、無借金経営で、キャッシュが20億円は持っているだろうとのことでした。しかも法人とは別に、社長個人としての資産も十分にあるとのことでした。

もっと大きな会社にしていくことを目指した時に、「市で1番の会社は業界に影響力が強いため、戦っていくということはしたくない」というのがこの社長の本音でした。この会社とガチンコで喧嘩すると、様々なやり方で仕事の邪魔をされてしまう恐れがあり、得策ではないと判断したのです。

その会社は、公共工事をもう60年以上も前から行っている会社です。

一方、株式会社Gは創業20年に満たないため、社歴では勝てません。そこで目線を変え、ステージ4におけるM&Aへの取り組みをはじめたのです。**自分の会社がある市で一番を目指すのではなく、M&Aで複数の市に会社を持つことで、グループ全体として上を目指していこうということです。**

ステージ3で単価の高い工事の落札によりキャッシュフローが改善しているからこそ、M&

Ａへの投資ができるわけです。

ステージ４では、苦い経験をしたＢ toＣへの再チャレンジも行えます。わたしが言うＢ toＣとは、第１章でお伝えした通り個人のみならず民間会社からの直接請負も含んでいます。**ステージ４になると、営業をしないでも直接請負の案件が複数の紹介者から定期的に舞い込んでくるようになります。**その際に重要なのは、ステージ３で取り組んできた信用力のアップです。

第三者からの信用となると帝国データバンクの点数が一般的なものとなります。Ｍ＆Ａを行うだけではなく、信用に対する対策をさらに取っていくことで、ステージ４でのレバレッジを利かせた経営ができるようになるのです。

ＷｉｎＷｉｎの姿勢がレバレッジを生んだ

この社長は、下請会社に対して、閑散期にも仕事を出す意識を持っていますし、優秀な下請会社に対しては支払いサイト面で優遇しています。そのため下請会社からの信頼も厚く、Ｍ＆Ａの候補となる会社を紹介されることも出てきています。

これは第３章のステージ４で紹介した下請会社とのＷｉｎＷｉｎの関係性づくりができているということです。

私が指導することで、銀行とのＷｉｎＷｉｎの関係性づくりもうまくなりました。

「借入れ金利を安くしてほしい」

ということはＷｉｎＷｉｎの関係性ではありません。

銀行にも得になることを、考えることが大切です。

「新しい銀行にもアプローチした方がいいですよ」

とお伝えすると、社長はすぐに銀行に連絡を取られました。

この会社はすぐに銀行から仕事を紹介されるようになりました。これはつまり、**銀行と業務提携ができたということです。**先日は2億円の仕事を受注し、利益が1億円近く出たと喜んでいらっしゃいました。

銀行からの仕事の紹介に関しては、次の第5章のインタビューにもありますので、あわせてご覧ください。

私と出会う前に行っていたＢtoＣで利益を1億円出すには、相当な労力とコストがかかったはずです。**それが今では、労力を使わずに億単位の利益が立つようになったのです。**公共工事のステージ4にまで到達することで、この社長さんは心の底から公共工事に力を入れてよかったと思っていることでしょう。

今では銀行に対してのＭ＆Ａや事業承継のアドバイザーのような立場を得ています。

銀行に情報を取りに行かなくても、むこうの方から情報が自動的にやってくるようになったのです。

前期の決算では売上６億円でしたが、次の決算では10億円を超える予定です。昨年末よりＭ＆Ａに取り組まれましたが、まだ1年経っていない中で案件をすでに複数検討されています。現時点で2件のＭ＆Ａを実現しています。

1つは再生系のＭ＆Ａ、もう1つは株式譲渡によるＭ＆Ａです。２社の合計売上は年間6億円のため、現在の会社を含めると売上20億円に手が届くところまでになりました。

会社を立ち上げるときはお金がなかったため、複合機1つ買うだけでも奥様と一緒にリサイクルショップを何軒も回ったそうです。それが今では会社を買うという状態になってきているわけですから、昔の苦労が報われたとご夫婦で実感されているのではないでしょうか。

この会社は、ステージ2から一気にステージ４にまで駆け上がっていった良いモデルケースだと思います。

第４章　まとめ

＝＝＝＝＝事例１「株式会社Ｐ」＝＝＝＝＝

●公共工事にチャレンジして３ケ月で落札

●経審をとる前に落札

＝＝＝＝＝事例２「株式会社Ｍ」＝＝＝＝＝

●債務超過で廃業寸前状態だった

●ライバル分析で「入札に勝てる根拠」を手に入れた

●売上２億以上を達成し、特定建設業許可を取得できた

＝＝＝＝＝事例３「株式会社Ｓ」＝＝＝＝＝

●足場の会社でも公共工事に参入

●公共工事をうまく利用して業態拡大

＝＝＝＝＝事例４「株式会社Ｔ」＝＝＝＝＝

●とりっぱぐれで資金繰りが悪化し、倒産寸前の状態になった

●女性社員が資格を次々と取得し、社員全員がやる気になった

●売上４億円以上を達成し、Ｍ＆Ａにもチャレンジ中

＝＝＝＝＝事例５「株式会社Ｒ」＝＝＝＝＝

●粉飾決算だと知らずに会社を継いだ社長が頭を抱えていた

●決算書、特にBSのコントロールに取り組んだ

●１億を超える案件も受注するようになり、市でＡランクの会社に

＝＝＝＝＝事例６「株式会社Ａ」＝＝＝＝＝

●Ｍ＆Ａによりステージ３からスタートし、数億の工事を連続受注

●契約保証の枠が足りなくなり、コンサルティングがスタート

●帝国データバンクの評点が低かったため対策を実施

＝＝＝＝＝事例７「株式会社Ｇ」＝＝＝＝＝

●ＢtoＣで失敗した会社が公共工事への本格参入を決意

●売上３億円→６億円→10億円と順調に成長し、Ｍ＆Ａも数件実施

●銀行との業務提携により、労せず２億円の工事を受注

第5章
コンサルティングを受けた社長のインタビュー集

【インタビュー1】株式会社G

●コンサルティングを受けた理由

――コンサルティングを受ける前は、御社の住宅部門がちょっと不況で、公共工事にもうちょっと力を入れたいということでしたね。

G社長：だね。うちは作ってまだ14年の会社だから、業歴が足りなくて公共工事が取れないというのがどうしてもあった。

――経審の点数が低いということですね。

G社長：うん。落札ができない状況が、お会いしたときにはまだあったね。水嶋さんがセミナーで言っていたような武器を持つことができなかった。セミナーに参加した日のことを今でも覚えているよ。

――ステージ3で行う少し特別な手法をご紹介させていただいたセミナーですね。

G社長：あのような話をする人は面白いな、初めて聞いたなと。よかったのは、保証の話と、やっぱり好循環のサイクル。

――好循環のサイクルですね。

G社長：ひとつをプラスにすれば、他のものもちょっとプラスにできる。そうすれば次もちょっとプラスになる。要はみんなちょっとプラスでぐるぐる回っていけば、1年後にはプラスが10になっていく。すると売上が直線ではなく、曲線で上向いていくっていう話はすごい共感できた。

――コンサルにご契約いただいたときは、「泥舟に乗ったようなつもりで契約しちゃおうか」と言われていましたね。

G社長：実際は「大丈夫かおい」ってなったよね。「何ができるんだろう」と。コンサルティングの料金が高額だから。本当にこれ多分言ったと思うんだけど、「支払った分、何してくれんの？　月に何度も来てくれるの？」と聞いたら、たまにしか来ないと言ってくるから。「本当に意味あるの？」と思ったけど、でもなんか興味を持ったから1回やってみようで、スタートだよね。ドブに捨てたお金になるのかなって、半信半疑に思いながら。

――疑問に思いながらもご契約いただきありがとうございます。

G社長：今はこの料金の意味がわかる。だけど感覚的にどうしても、税理士の先生たちの料金と比べてしまう。税理士先生たちは来てやることが決まっているから。作業をやるから。水嶋さんは作業をするわけではなく、1回あたりじゃあいくらなのって計算になるわけよ。そうすると本当に大丈夫かいっていうのは俺のほうはあったよ。それでもやってみようっていうのはね、本当にあなたと話して、「やってみるべ」と思った。決断がありましたよ。

●コンサルを受けて変わったこと

――コンサルを受ける前と後でどのような変化がありましたでしょうか。

G社長：金融機関が考え方を変えてきているんだよね。うちに対して。

――銀行の態度がもう変わってきましたか。

G社長：絶対変わっている。うちにすごい仕事持ってくるのよ。

――それは凄いですね。

G社長：いやって言うほど持ってくる。支店長に俺が言うんだけどね。あなたは金貸すだけが仕事じゃないんだぞと。うちの会社がつぶれたら困るでしょうって。すると必ず、いやって言うほど持ってくる。週に1個も2個も。それでいくと何が起こるか。銀行からの紹介だと、みんな契約が決まっていくんだよ。打率8割超えてるね、銀行からの紹介は。

——それは、企業との契約が多いですか？

G社長：そうだね。わかりやすいのは、工場の改修工事とか。事務所のちょっとレアな変更とかね。どこに出しても1000万かかるから、じゃあせっかくだから銀行から紹介された御社に出してみようっていうのがあったり。一番欲しい地主さんの紹介はなかなかないんだけど、あると精度が良いんだ。地主さんとの話は1個まとまるとやっぱり2億はいくからね。それで銀行に言うんです。良かったね、2億融資できてねって。

——御社は仕事が増えて、銀行は融資のお客様が増えて。

G社長：彼らはそういうのを、大手とやってきたわけ。でもそういうところを嫌がる人がやっぱりいるんだよ。だったら、地元で頑張っているG建設さんどうですかってことを銀行が先に営業してくれるの。俺が呼ばれて行けば、話がまとまる。そういう使い方が最近できている。

――銀行が御社のために働いてくれるようになったんですね。

G社長：そうだね。あとは契約保証の心配がなくなったこと。他の会社さんは、落札した後のことはあまり考えていないと思うよ。俺は結構考えていた方だと思う。ちゃんとね。落札した後の契約保証を、どの会社にしてもらうのか。手帳に1社ずつメモをしてたしね。どこどこの損保は枠いくらと。だけど水嶋さんが言っていたのは、そのレベルではなかった。5倍だ10倍だと。やっぱりそこに目を向けると、意識が変わりましたよ。

――どのように変わりましたか。

G社長：心が晴れた。目の前の霧が晴れるわけですよ。それで安心して入札件数を増やしたり、単価をあげたりできた。当時は不況で住宅の仕事が取れていなくて大変だった。いまは俺的にはそこそこの会社になったと思う。他社と強気で交渉できる。2億5000万の仕事、あんたたちはできないんじゃないのって。

●コンサルティングを受けた方がいい会社とは？

――私のような、公共工事専門のコンサルティングは、どういう人が受けたらいいと思いますか。

G社長：これから始めようとする人もそうだし、すでにやっている人も受けたらいいと思うけどね。業歴が長かったとしてもね、沈みそうというか、業績が落ちていっている会社に手を突っ込んであげることが水嶋さんはできるというか。でも逆に俺みたいに若い会社というか、まだまだひよっこの会社に手を差し伸べると、ぎゅっと伸びていくっていうのも面白いよね。どんな業歴の会社だったとしても、水嶋さんが手を差し込んだらうまくエスコートするような気がするよ。

――ありがとうございます。では逆に公共工事をやらなくてもっていう会社はありますか？

G社長：会社の意識が、もう住宅だけで生きていこうとか、そういう会社って当然多いわけですよ。ただうちは工務店だからとか、うちは大工の会社だからとか。そういう会社はあまりね。

――そうですね。そういう会社はお話しても、契約する方は少ないですね。

G社長：ノリもないしね、意識がないから。

――ちょっと野心がある人の方がいいんですかね、それで言うと。

G社長：そうだね。地場に縛られて仕事をしている1億に満たない会社が、カクっと売上が伸びるとね。一発で6000万の落札ができた、売上が1億を超えたって喜ばれると思うよ。

――売上が急激に上がっていくわけですから、喜びは大きいですね。本日はお答えいただいてありがとうございました。

【インタビュー2】株式会社T

●コンサルティングを受けた理由

――なぜ公共工事を私のコンサルで始められようと思ったんですか。

T社長：元々下請けを脱却して上に左右されない会社になるためにはどうしたらいいだろうっていうところで水嶋先生とお会いしました。そのときに、公共工事の本当の魅力っていうものを教えて頂いた。最初にお会いしたときにですね。

どこに向かえばいいのかっていうのが見えてなかった部分。がむしゃらにただお金だけを求めて動いていた部分があったのが、最初お会いして話をしたときにちゃんと目標設定して踏んでいくものもあるよって聞いて、真面目にやってきたからこそ10年やってきた会社があるわけで。また0から公共工事を始めれば、10年後、今よりはいい会社というか成果が残ってるかなというイメージができたので。

●コンサルを受けて変わったこと

――コンサルが始まって1年目ですが、どんなことが変わりましたか。

T社長：1つ目は、元請けとしての経営の考えに変わりました。施工体制、目標設定もそうですけど。そこが既存の事業である下請けの足場とか鳶工事の方の、仕事をただこなしていた頃から比べれば、大きく改善したなぁ、というのがすごくあります。下請けの仕事は今もやっていますが、下請けを使う側の立場でもあるので、下請けさんがどの許可を持っているのか、どの資格を持っているのか、技術者は何人いるのかをしっかりと見るようになりました。下請けに対する評価の意識が持てるようになりました。

——そうですか。初耳ですね。

T社長：あと、会社の目標を社員に示すようになりました。特定取るんだよ、元請けやるんだよ、公共工事やるんだよって。今までと違うところを目指しているんだよっていうところを会社の目標として僕が示すことによって、社員が自ら考えるようになりました。経営に全く口出しもしないし興味もなかった子達をグンと近づけることができて、管理体制も1人1人責任を持ってやれるようになってきました。組織の体制として整うきっかけになったなっていうのも、もちろんありますね。そこはかなり大きいですね。入札の資格も取れたり、研修も整備できたりっていう風になってきたので、コンサルを受ける前と比べれば、私だけでなく会社全体の意識が違います。

経営の基礎となる部分も積み重ねて、ほんとに良くなってきたかなと。

――だいぶ良いことばっかりでありがとうございます。

●コンサルティングを受けた方がいい会社とは？

――どういう会社が公共工事を新たにやったらいいと思いますか。

T社長：どんな小さな会社でも建設業に関わる会社であれば。一番安定的ですから。第一にやった分ちゃんとお金がもらえるよっていう部分。あとは国からのお仕事をするので、そこに対する実績っていう部分。高みを目指せば行き着くところかなっていう風に思います。あと、小さな規模だからこそ公共工事を目指してやることの意義が大きいです。下請けばかりやってないで、小さな組織のうちから公共工事を目指してやるっていうことです。小さい段階でやられた方が、変化が大きいと思います。

――まだ売上が低い、組織が小さい段階からでもいいということですね。

T社長：そうですね。

――お答えいただいてありがとうございました。

【インタビュー3】株式会社M

●コンサルティングを受けた理由

――私の公共工事のコンサルに申し込むきっかけになったのは？

M社長：水嶋さんが非常に公共工事に関しての知識が豊富だったという。私もそれまで水嶋さんと出会うまでも自分の住んでいる市の入札はやっていましたが、ほんと井の中の蛙だったので。色々な知識と情報を頂けるということで、お願いしたっていうのが素直なところです。

●コンサルを受けて変わったこと

――コンサルが始まってまだ半年くらいですが、得られたことはありますか。

M社長：今まで自分の住んでいる市の物件しか見てなかったのが、やはりうちの会社でいけそうなところを幅広くチェックするようになりました。入札は去年と比べものにならないぐらい増えています。20倍ぐらいですね。年間数本に入札して1本取れるかどうかだったのが、年間40、50本入札するようになりました。ライバル分析でデータを収集していますので、売上も当然、10倍、20倍にしていくことができると思います。

――ライバル分析もやって頂いていますね。

M社長：はい、ライバル分析を通じて、発注者の分析もしています。役所関係、国交省、都道府県、あとはネクスコとかね。その辺のデータを集めていっています。今回、ミズシマさんに色々アドバイスもらって、それこそ京都にしてもね、奈良にしてもね。（著者注：この会社は大阪にあります。）結局その県でないとダメかなと思ったら、そうじゃないと。調べたら。専門業者であればいいとかね、経審で何点以上あれば大丈夫とか、近畿圏内に本社及び支店があればいいとかね、そういうものが見えてきたんですよね。だから今までは例えば奈良県の物件なんかは奈良県内の業者でないと無理やと思ってた。それがそうではなかった。

――昔はそんなことは全然思いもよらなかったみたいな。

M社長：それともう1つは隣の市が意外と狙い目だったことがわかった。専門業者の数が少なくて、入札にならないから他の市町村の業者さんも参加してくださいっていうモノが見つかった。予定価格も発表されるんでね、入札しやすいですね。こんなことが見えてきたのは、もうほんとに水嶋さんのコンサルティングのおかげです。

●コンサルティングを受けた方がいい会社とは？

――公共工事のコンサルティングは、どういう人が受けたらいいと思いますか。

M社長：民間工事しかやっていなくて、役所の仕事をどういう風にしたらいいかが分からないっていうような会社は結構ありますから、そういう会社にはおすすめです。それこそ私共の会社みたいに、こぢんまりと自分の住んでいる町内会だけの仕事をやっているような会社は、知らないと思うんですよ。他の地域の入札に参加できるっていうこと自体をね。

――ぜひ今度ともご発展頂きたいと思います。ありがとうございました。

【インタビュー4】株式会社K

●コンサルティングを受けた理由

――コンサルティングを受けられた理由はなんだったでしょうか。

K社長：やはり、売上が先細りしていくということですね。

――何で公共工事だったのでしょうか。

K社長：動機としては会社の安定っていうか。公共工事の方が安定するのかなと。

――それは資金繰り的な。

K社長：仕事を受注したら先に4割が入金されるのは大きいですね。なおかつ、インフラに関わるような仕事の方が、仕事が切れないのかなと。

――インフラの仕事と言えば公共工事、となったわけですね。

K社長：そうですね。はっきり言って公共工事、敷居が高くないのかなと。逆に色々手続き上の問題さえクリアできれば我々ができる仕事もありそうだし。建築なんか特に小さい工事からね、入っていけばいいのかなと。下請けで入ってそういうのも、これだったらできるってね。

――公共工事を下請けで受けたことあるってことですよね。全然できそうだなって感覚があったってことですよね。

K社長：いつまでも下請けじゃしょうがないなと思って。民間でもそうだけど、下請けよりは元請けにより近い方が利益率もいいわけだし。はっきり言って結構しっかり利益を取ってますからね。元請けはね。

――ですよね。取ってる感があるわけですよね。

K社長：当然ありますよ。逆にトラブルがあっても下請けが被るようなところがあって、元請けは自分の利益はきっちり確保しておきながら下請けに泣かせるようなところがあるじゃないですか。

――それは事故とか。工期延長とか仕様が変わったとか。

K社長：仕様が変わったりとか、その都度出せばいいんですけど、ちょっと遅れたりするともう締めちゃったからみたいな感じで。

――下請けに泣いてもらうっていう感じはあるわけですか。

K社長：ありますよ。元請けは絶対自分の利益は確保してね。一緒に泣いてくれればまだ納得するんですけど、自分ところは泣かないで下請けだけっていうか。

――それなら元請けの方が絶対いいねってなる。

K社長：あとは公共工事なんかに関しては元請けの方が絶対いいですよね。民間でもそうだけど、元請けになれなくても三次よりは二次、二次よりは一次の方がいいわけだから。

●コンサルティングを受けた方がいい会社とは？

――わたしのコンサルティングはどんな会社が向いていると思いますか。

K社長：イメージとして浮かぶのは建築一式とか土木一式とかが公共工事のだいたいイメージとしては浮かぶわけだけども。必ずしも今そうでなかったとしても、専門家を下請けで使えばいいわけだから。

――元請けになりたいという気持ちがあればいいわけですね。

K社長：そういう意味では、公共工事によって下請けからの信頼も集まります。職方を育てるっていうか。民間工事と併せて仕事が切れないようにできます。公共工事で仕事の幅を広げて、コンスタントに仕事を取っていくことで下請けが休むことがなくなりますね。

――下請けとの関係性を作っていきたい会社にとってはいいですね。本日はお話をありがとうございました。

第6章
はじめての公共工事Q&A

Q１：うちは小さな会社だから無理でしょうか？
A１：いいえ、小さい会社の方が有利です

小さな会社ということは、きっと売上が小さいという意味かと思います。社員が少ないという意味もあるかもしれません。

たしかに売上が小さければ経審の点数が低くなります。しかし経審の点数は対策を取って上げていけばいいので、できない理由にはなりません。むしろ小さな会社の方が新規参入に有利な点もあります。

それは、元請会社の立ち位置への切り替えがしやすいことです。公共工事を受注するということは、元請会社になることを意味します。下請より元請の方が、利益が出やすいことはイメージできますよね。下請会社にいくらで仕事を出すかは、下請けに決める権利はありません。元請け会社に決める権利があるのです。受けた金額から自社の利益を抜いて下請けに振ればいいわけですから、利益が出やすいどころか確実に出すことができるわけです。最終利益で20％前後が目安です。

しかも公共工事は、人工の多い仕事であっても受注していくことができます。自社の社員で施工することももちろんできますが、受けた仕事を下請け会社に振ることで、より大きな仕事を受注することができるようになります。小さい会社のうちから下請会社と協力し、売上を伸ばしていくことができるのです。下請から元請の立ち位置に変わることで、大きな会社になるのを待たずに小さな会社のままでも利益を確保し、売上を伸ばしていくことが可能になるのです。

公共工事の売上を億単位で順調に伸ばしているわたしのクライアント企業には、公共工事参入前の売上が３５００万円だった会社もあります。しかもこの会社は、社長と従業員１人の会社でした。

他にも社長含めて３人で、公共工事の売上が2億円以上の会社もあります。

公共工事には会社を整えていく効果もありますので、将来を考えると小さい会社ほどやったほうがいいと言えるでしょう。

Q2：町の工務店ですが、続けながら参入できますか？
A2：ぜひ続けてください。相乗効果が見込めます。

工務店ということは、地元密着型で個人宅を中心にB to Cの直接請負をしているということかと思います。

当然、個人宅に「営業」をすることで、「仕事を取りに行く」ことを行っているはずです。このような「仕事を取りに行く姿勢」は、公共工事にも活かされます。公共工事においては、工事を施工することよりも、入札をして落札することの方が大切だという考え方に通じます。仕事を待っている「仕事をもらう姿勢」ではなく、主体的に自ら仕事を取りに行くことが、公共工事の新規参入にも必要なのです。

また、工務店の仕事で行っている直接請負の仕事は、経審の元請け工事の欄に反映されますから、下請けしかやっていない企業に比べて有利です。

公共工事に参入することで、工務店の仕事が獲得しやすくなるメリットもあります。

「街の交番や公園の工事を行っている会社さんだったら安心だね」

とお客様から見た御社のイメージが良くなるからです。

ぜひ町の工務店として業務を続けながら、公共工事の新規参入にチャレンジしてください。

Q３：業歴が短いのですが、落札に影響しますか？

A３：いいえ、むしろ短い方がいいです

業歴の短い会社が公共工事に参入するとなると、戦う相手は皆、自分の会社よりも業歴の長い会社ということになります。「そんな会社と戦って勝てるのか？」というのが頂いたご質問の意図かと思います。

もちろん、業歴の長い会社の方が強い面もあるでしょう。なぜ、そんな中で「むしろ短い方がいい」とお答えしたかと言うと、それは小さな会社の方が固定概念に縛られていないからです。固定概念は公共工事の成功を邪魔します。

よくある固定概念が、第２章で紹介した４つのタグです。業歴を重ねるごとに、４つのタグである「業種区分」「エリア」「発注者」「価格帯」の４つに関する固定概念が強くなってしまうのです。

「うちの会社はこういう工事しかやらないから……」

「近くの工事にだけ入札しておこう……」

「地元の市や県に入札するのが一番だろう……」

「うちの売上規模からすると、低い価格の入札にだけ参加しておこう……」

このような勝手な思い込みをしてしまうのは、

「うちの会社はこの程度だ」

という勝手な決めつけがあるからです。

業歴が短ければ、ＢtoＢの下請けの仕事が中心だとしても、下請根性に染まっていないでしょうから固定概念が少ないはずです。ＢtoＣの直接請負が中心だとすると、下請根性がないでしょうからなおよしです。若い会社の方が固定概念を外すのに時間がかからない分、より早く公共工事で成長できる可能性を秘めています。

業歴が短いことは、自社にとっての武器だと捉えましょう。

Ｑ４：資格者が少ないので、うちには向いていないのでは？
Ａ４：そこは悩むところではありません。

資格者を増やすのは、利益が出てからでも遅くありません。儲かることを肌で実感すれば、資格者を増やしてもっと落札したくなるからです。

「資格者が少ないと、同時に複数の工事を受注しにくい」

とお考えなら、単価の大きい工事を狙えばいいのです。

落札すると4割が先に入金され、資金繰りが改善されるわけですから、新たに人を雇う余裕も出てくるでしょう。

もちろん、資格者を新たに雇うと、すぐにやめがちという問題は出てきます。ですから中長期的には既存の社員全員に資格を取らせるのがベストです。あくまでつなぎとして資格者をリクルートし、売上を伸ばしていく。さらに利益が出てキャッシュが潤沢になれば、M&Aをして資格者を一気に増やすことも可能です。

Q5：決算書が悪いのですが、参入するにはまだ早いでしょうか？

A5：決算書が悪い会社こそ、早く始めてください。

決算書が悪い原因には、次のようなものがあると思います。

・下請け仕事で無理な金額を飲まされ続けている
・大きな額のとりっぱぐれがあった
・いつも仕事をくれていた会社が仕事をくれなくなった
・BtoCで価格競争に巻き込まれて利益が少ない

このままでは、いつか倒産してしまいます。決算書が悪いからこそ、何か新しいことを始めなければなりません。その答えが、公共工事です。

T社の事例（第4章事例4）でお伝えしたように、下請け重層構造の中での大きな額の取りっぱぐれや、無理な金額での低い利益率から脱するには、公共工事しかありません。

またG社の事例でお伝えしたように、B to Cで失敗した会社も公共工事で成功しています。公共工事は先に4割の入金があり、そして取りっぱぐれがありません。キャッシュフローがよくなり、利益率も高いわけですから、決算書が悪い会社が再生するのに公共工事はうってつけなのです。

しかも、想像できないかもしれませんが、公共工事の仕事の利益率だけでなく、下請け仕事の受注単価が上がり、B to Cの受注がしやすくなるという副次的な効果も得られます。公共工事にチャレンジすることで、決算書は必ずよくなります。決算書が悪い会社ほど、迷っている時間はありません。

いますぐ公共工事を始めましょう。

Q6：そこまで大きな売上は求めていません。

A6：結構ですよ、でももったいないですね。

わたしが年商10億以上を目指しましょうと言うと、「年商数千万円くらいでいいですよ」という社長さんがまれにいらっしゃいます。

どうして大きな額の仕事をやりたくないのでしょうか？　もしかすると「とりっぱぐれ」に対する恐れがあるのかもしれません。あるいは資金繰りの心配をしているのかもしれません。

民間会社からの下請け仕事だと、大きな仕事を受けた分、リスクも大きくなります。ですが、公共工事にとりっぱぐれはありません。工事代金の4割は前払金として工事の前に受け取ることができますし、残りの6割も工事の完了前に現金化する方法があります。

わたしのクライアントには、売上を10億円以上に伸ばしながら無借金経営を実現している会社もあります。（第4章・事例6）

ご質問いただいた方は、まだまだ公共工事が持つ可能性の大きさを理解していないのではないかと思います。それでも大きな売上を求めないなら、人それぞれなので結構です。

Q7：資金繰りが不安です。銀行はお金を貸してくれますか？
A7：銀行から信頼され、仕事も紹介されるようになります。

今、あなたの会社と銀行の関係性はいかがでしょうか。良いという方も、あまりよくないという方もいるでしょう。

公共工事を行うと、資金繰りがよくなりますので銀行からの評価は確実にあがります。経審を良くしていくために決算書もよくしていきます。帝国データバンクなどの民間調査会社への対策も行うので、第三者から見たとき、評価を受ける会社に自然となることができます。銀行からも当然評価されますから、向こうからつき合いを求められることでしょう。当然、銀行からお金を借りたければ貸してくれるようになります。

また、銀行を喜ばす方法は、お金を借りることだけではありません。銀行は、結果的に大きな融資の話が作れればいいのです。そのためにパートナーとなる会社を探しています。つまり、あなたのために銀行は人を紹介したり、会社を紹介したり、ほかにも様々な情報を教えてくれるようになります。

G社の事例で紹介しましたが、公共工事で業績を上げた結果、社長は「嫌って言うほど人を紹介される」と嬉しい悲鳴を上げています（インタビュー1参照）。銀行が、民間の仕事を持ってきてくれるのです。

公共工事は銀行との関係にも、大いにプラスの影響を及ぼすと覚えておいてください。

Q8：利益が出るまでにどれくらい時間がかかりますか？
A8：途中であきらめなければ、1年以内に必ず結果が出ます。

1件の受注ができれば、次の落札からは利益が確実に出ます。5000万円の公共工事の受注で、利益率が20％だとして1000万円の利益が出ます。

ですが、たかが数千万の売上を目指さないでください。これをゴールに1年間がんばるのではありません。目指すべきは、2年、3年後の5億、10億です。そのために、1年間がんばるのです。経営者である以上、短期間で利益を出すことを目指すことは悪い事ではありません。

しかし、目線が1年先しか見ていないと、小さな結果しか得られません。

「あんがい楽に稼げたな」と満足してしまうと、それ以上伸びないのです。早期の成功体験は、公共工事への視野を狭めます。

ですから私はいつも1億を突破した経営者にこう言います。

「1億くらいで浮かれないでください」

最低、10億の会社を目指しましょう。

公共工事は10年20年とずっとやり続けるものです。長いスパンで見るからこそ、いくつもの対策を1つずつ取り組むことができ、結果的に大きな結果が得られるのです。

Q9：談合や政治力の影響ってまだあるんでしょう？
A9：あったところで、あなたの成功には関係ありません。

「公共工事に参入するのは無理だ」

このように考える経営者の多くが口にするのが「公共工事＝談合」という図式です。

談合は犯罪であって、取り締まられるべきものです。ですから談合によって公共工事に参入できないとしたら、これは警察沙汰になる話です。

たしかに、狭い地域の中で、顔見知りの企業同士のパワーバランスで予定調和のような慣習が今の時代にもまだ残っているかもしれません。ただ、それは参入できない理由にも、売上を伸ばせない理由にもなりません。

談合があろうがなかろうが、そのような土俵を選ばずに売上を伸ばせるからです。

相手の土俵に乗らないで、自分の土俵を見つけてくればいいのです。全国には7000以上の発注者がいて、1日で1000、2000といった数の入札案件が新たに登録されています。ライバル分析をすればわかります。

事例でもお伝えしていますが、参入間もない会社が2〜3年で急激に成長しています。つまり、談合のことなど考える必要はないということです。

Q10：ライバルが多くて落札できないのは本当ですか？

A10：その人は公共工事のことをわかっていない人ですね。

おそらく、そういうことを聞いたことがあるのでしょう。それは、その話をしている人が、ライバルが多い入札ばかりをしているのです。ライバルの少ない入札は、探せばいくらでもあります。一件の入札に50社の場合と5社の場合とでは、落札できる確率が10倍も違います。ライバルが多いところでしか入札しないような会社は、何回入札しても1件も落札できず、公共工事が嫌になってしまうというわけです。そもそも、そういった会社さんは市とか県でしか案件を探さないので、何回も入札できないかもしれませんね。

公共工事は、同じ入札に参加しているライバル会社との椅子取りゲームです。ゲームに負けている会社の話を真に受けていては成功できるわけがありません。
第4章の他社の事例も参考にしてください。

Q11：下請けが長かったんですが、参入は可能ですか？
A11：一生、下請けでいいならば、そのままでいてください。

下請け重層構造にどっぷりとつかっていると、公共工事への新規参入に対してどうしてもネガティブなイメージを持ちがちです。ただこれは、経営者の「公共工事に対する誤った認識」からくるものです。

公共工事は、国や県、市町村などが税金を使って発注するものです。日本の建設会社で、きちんと税金を納めているのであれば、新規参入ができて当然です。

下請歴の長さを参入の可否に結び付けているのはあなた自身です。可能かどうかではなく、可能にするために行動するのが経営者です。行動もせずに、できない理由を並べて不安がるのは経営者としてはどうかと思います。「下請け根性」とわたしが呼び、忌み嫌っているのはまさにこのような考え方です。このような方は、ノウハウやテクニックではどうしようもありません。何のために独立したのか、という根本から考え直してください。

Q12：社員を新たに雇う必要はありますか？
A12：今いる社員さんで十分です。

「新たに従業員を雇ってから始めよう」

このように考える社長さんがよくいらっしゃいますが、それはやめてください。

過去3年で最終利益が20％を切ったことがなければ、雇ってもいいでしょう。それ以外の会社は、公共工事のために新たな人を雇わないでください。公共工事で売上が立っていないうちから、新たな人を雇う必要はありません。継続的な落札をしていくステージ2で売上が立ってから、必要に応じて雇うのがよいでしょう。

クライアント企業の中には、社長と社長の奥様含め、社員3人で年間2億円以上の公共工事をさばいている会社があります。2億の売上が立っているわけですから、利益率が20％として4000万円の利益がでているわけです。

人を雇わないでも、公共工事を始めることはできます。先に公共工事を始めて、稼いでから新たに人を雇えばいいのです。

公共工事は、人を新たに雇うだけの余剰資金を生み出すことができます。人を雇うということは、長期間で固定費が発生するということです。利益を出してから雇うのがよいでしょう。

Q13：忙しいのですが、どの程度の時間を取られますか？
A13：週1時間からスタートしてください。

1週間1時間で大丈夫です。まずは少しの時間でも構いませんので、いますぐ公共工事への取り組みを始めましょう。スタートの段階ではこれで十分です。

もし週1時間の時間が作り出せないのであれば、あなたは経営者に向いていないので、会社を畳むことをおすすめします。

「忙しい」「時間がない」

このような言葉を使う社長は、まさかとは思いますが赤字の現場をやってはいないでしょうね。赤字の現場のために時間を取られておきながら、時間がないから公共工事ができないというのは言い訳にすらなっていません。

週に1時間だけでも公共工事への取り組みを始めれば、もっと時間をかけたくなってきます。なにせ、売上10億円の事業を作り出すための時間なわけですから。

時間をもっと作るのに必要なのは、利益率が低い仕事を「捨てる」ことです。既存の事業の中で、案件ごとに利益率を洗い出せば、きっと利益率が低すぎて、請けない方がよいという仕事が出てくるでしょう。そういうような仕事を捨てていくことで、時間を生み出すのです。

「あの会社からはたくさん仕事をもらっているから……」

というような反論もあるでしょうが、それらはすべて言い訳にすぎません。慈善事業ではないのですから、儲からない仕事はやってはいけません。利益率が悪いのに受けてしまうのは、経営者として失格です。

無駄な仕事、利益率が低い仕事を捨てていくことで、公共工事への時間を増やしていきましょう。

Q14：下請会社を探すのって大変ではないですか？

A14：探せば、いくらでも見つかります。

市や県など地元の公共工事にだけ入札している会社の経営者さんから多い質問です。これは質問というよりも、言い訳と言ってもいいでしょう。今すでにつき合っている下請け会社さんだけで何とかしたいから、このような質問が出るのです。

建設会社は一人親方などの個人も含めると日本に１００万社あり、そのうち売上10億円未満の会社が90％以上です。つまり、仕事がほしい下請会社は探せばいくらでも見つかるということです。

わたしのクライアントには、四国の会社でありながら全国各地で工事を行っている会社さんがあります。その会社は、下請け会社を探すのは公共工事を落札してからです。利益が取れる物件を落札すれば、下請け会社はなんとかなるということです。公共工事は、仕事を取ってくることに一番の価値があるのです。

下請け会社からしてみると、公共工事をやっている会社は安心です。あなたが公共工事のために探す下請けは一次請けです。下請け会社からすると、二次請けや三次請けで受けている仕事よりも利益率がよいのが通常ですから、仕事を請けたがります。公共工事にとりっぱぐれがありませんから、その下で働く下請け会社も安心です。

つまり、あなたが今行っている公共工事以外の仕事で下請け会社を探す感覚よりも、圧倒的に探しやすいということです。

お金になる仕事があれば、下請け会社は見つからないわけがありません。

Q15：面倒くさそうというイメージがぬぐえません。
A15：やらないで結構ですよ。

「公共工事は面倒くさい」

と言っている社長は、きっと書類作成について言っているのでしょう。もしかすると、下請けとして公共工事をやった際に、元請け会社の代わりに書類を作らされた経験があるのかもしれません。しかし、このようなことを言う社長は、費用対効果をまったく理解できていません。

よく考えてみてください。公共工事によって、数億円以上の売上UPが可能なわけです。しかも利益率は20%以上。それと、書類作成とを天秤にかけて

「書類作成が面倒だからやめておこう」

と経営判断するのは、どう考えてもおかしいと言えます。

事実、公共工事で稼いでいる企業の経営者は、落札するたびに

「よっしゃあぁぁぁ！」

とガッツポーズを取っています。

「落札できたけど、書類作成が面倒で嫌だなぁ」

なんて思っている社長は誰一人としていません。

なにせ、年間売上が1億だとしても、利益率20%として2000万円です。2000万円が手に入るのに、面倒くさいとか思うでしょうか？　面倒くさいと思うということは、見返りが少ないと思っているということです。売上が1億以上あがることを考えたら、面倒くさいとは微塵も思わずに取り組めるはずです。

公共工事にきちんと取り組めば、最低でも1億円以上、さらには3億、5億と右肩上がりの成長が見込める話です。他の事業でそれが可能でしょうか。今のままの売上や利益でいいというのならば、もちろんやらないで結構です。

しかし、もし2年、3年で数億円の売上アップがほしいのならば、そして数年後に10億という大台を目指したいのならば、今すぐ公共工事のスタートを切りましょう。

Q16：公務員に理不尽なことを言われませんか？

A16：あなたも税金を払っているので、安心してください。

下請けの仕事をしていると、どうしても元請け会社から理不尽なことを言われたり、従わざるを得なかったりすることがあることでしょう。たしかに、仕事を出す側である元請けから何を言われても従わざるを得ません。

しかし、公共工事は違います。仕事を出す側である国の機関や県や市など、発注者はみな公務員です。理不尽なことを言う権利は、公務員にはないのです。

なぜなら憲法で「公務員はすべて全体の奉仕者である」と定められているからです。公務員は公僕だとも言われますが、公僕とは公衆に奉仕するしもべの意味です。公務員の下で働くようなイメージを持つ必要はまったくありません。

「まだ業歴が短いから教えません」

「小さい会社には教えません」

などと差別はされません。


仮にこんなことがあれば相手の名前を覚えて議員に相談に行けばいいのです。上役にチクっても効果があります。公務員である以上、気分や好き嫌いで特定の企業だけを優遇することはできません。書類作成で何かわからないことがあれば何でも気兼ねなく聞けばいいのです。あなたは税金を払っているわけですから、あなたには権利があるのです。好かれようとして媚を売る必要もありません。民間の仕事では、元請やお客様に気を使う必要はあるでしょう。しかし公務員には気を使う必要はまったくないのです。

Q17：始めるのに適したタイミングはいつでしょうか？

A17：今です。

「よし、区切りのいい決算後にスタートしよう！」

このように、何か新しい取り組みは決算後に、と考える方が多くいらっしゃいます。

ところが、公共工事に関してだけは、決算をまたいではダメです。決算をまたがずに、なるべく早く始めた方がよいでしょう。理由は、決算書によって経審の点数の大部分が決まるからです。決算を待ってからスタートすると、経審の点数がよくなるまでに1年待たなければいけなくなります。逆にいますぐスタートすれば、公共工事を始めたことによる経験を次の決算での経審対策に活かすことができます。

そもそも実際に入札を行わないと、本当の意味での経審の大切さを実感することはできません。早く入札を始めれば始めるほど、次の決算までの間に効果的な経審対策が打てるようになるのです。

時間を無駄にしたくなければ、いますぐ公共工事を始めましょう。

Q18：公共工事の仕事が多い月に合わせて始めたいのですが。

A18：1年中、仕事はあります。

公共工事は、常に仕事があります。3月に多少多い傾向がありますが、それほど気にするほどのものではありません。もちろん発注者によって、何月が多い、少ないという多少の凸凹はあります。月別に案件の差は出てきますが、全国に7000以上ある多くの発注者から全国から仕事を探せばいいだけです。

Ｂ to Ｃですと、ボーナスが出る時期にキャンペーンを打ったり、新生活が始まる前の３月に依頼が集中したりと、季節に翻弄される部分があるかと思います。消費税増税前のタイミングなど、国の制度変更に左右される部分も大きいでしょう。

このようにＢ to Ｃはお客様に翻弄され、民間会社からの下請け仕事は元請け会社に翻弄され、なかなか自社の自由にしにくい面があります。経営者にとっては、大きなストレスの一因でしょう。

ところが公共工事は、あくまで自社の都合で仕事を取っていくことができます。

だからこそ、２年３年先を見据えた経営ができるようになってくるのです。

Q19：うちの周り、公共工事が出ていないみたいです。

A19：絶対にそんなことはありません。

まさかと思いますが、市のホームページしか見ていないなんてことはないですよね。もしくは新聞しか見ていないということでもないですよね。そんな案件探しの方法で成功するわけがありません。あなたは仕事を与えられるものだと勘違いしているのかもしれません。公共工事は「取りに行くもの」ですよ。

ホームページや新聞に掲載される案件を眺めているのは、「いい案件がこないかな」という待ちの姿勢です。そのような待ちの姿勢では、入札の数は増えませんし、入札するのはライバルの多い案件ばかりになってしまいます。ライバルが探していないような方法で探すから、落札しやすい、ライバルが少ない案件を見つけ出すことができるのです。

そもそも、自分の会社の周りの工事しか探していない時点で間違っています。

たとえば私の埼玉のクライアントは、樺太の案件を落札しました。樺太ですから、ロシアです。ロシアの仕事を、埼玉の建設会社が受注し、ビザを取って工事をしに行くわけです。面倒だと思うかもしれませんが、利益率半端ないですよ。これはどこからでてるかというと、市とか県からは出ないわけですね。

「近くの仕事だけやっていたい」

このように考える会社さんが普通の会社さんです。そういう会社さんを尻目に、私のクライアントは遠くの仕事でとんでもない利益を出しています。

もちろん、近くの仕事も探し方を変えればいくらでも見つかるはずです。

「近くの仕事」でも「遠くの発注者」が出しています。

たとえば、現場が会社のすぐ近所の工事が、県外や市以外の発注者から数多く出ていることもあります。勝手に自分で可能性を狭めているわけです。先入観を捨てましょう。

Q20：いくらで入札したらいいのかわかりません。
A20：わからないで当然です。わかったら制度が崩壊します。

いくらで入札すればいいのかがわかったら、入札制度が成り立ちません。

「どの番号を買えば宝くじが当たるのか知りたい」と宝くじ売り場のおばちゃんに聞いても教えてくれるわけがありません。そもそもおばちゃんが知っていたらおかしいです。入札金額をいくらにしたらいいのか、という点に注力している時点で、公共工事で稼ぐ方法がわかっていないということです。

工事の積算がうまくなるから、落札できるのではありません。ライバルが少ない案件に入札を数多くするから、落札できるのです。落札できなくても入札後にライバル分析をすることで、さらにライバルが少ない案件を見つけ出すことができます。

落札できない理由として工事費の積算方法をあげる行政書士が多くいますが、これは全くの間違いです。落札できない理由は入札する件数が少ないか、ライバルが多い物件に入札しているだけなのです。

Q21：公共工事に参入するためにM&Aをしたいのですが。
21：入札したことがないうちから言わないでください。

たしかにM&Aは公共工事にとって有効です。

「ビジネス上、もっとも危険な数字は1」

という話をご存知でしょうか。

下請けが1社では困りますよね。その会社に振り回されることになります。クライアントが1社でも危険ですね。その会社から仕事がもらえなくなったら、すぐに倒産することになります。

あなたはいくつ会社を持っていますか。会社を作ったり、M&Aによって増やしたりすることで経営上のリスクを分散させることができます。公共工事とM&Aの相乗効果はバツグンです。会社が1つだと、公共工事で指名停止になるような事態が起きたり、資金繰りが悪くなったりといった不測の事態が起きたときに、打つ手が限られてしまいます。ですからM&Aに興味を示されるのは、悪い事ではありません。

しかしながら、公共工事を始める前にM&Aを行うのは時期尚早です。

「資格者が少ない」

「実績が少ない」

　このような会社が、Ｍ＆Ａによって資格者や実績を増やし、公共工事での売上を大きく上げるという方法は、たしかにあります。ですがこれは、公共工事をよく理解しているからこそ、活かすことができます。まだ1回も入札したことがない状態で、Ｍ＆Ａをすれば公共工事がうまくいくだろうというような甘い考えでは、どういう会社を買えばいいかわからない状態で探しているということです。少なくともステージ1での1件の落札を実現し、ステージ2で継続受注にチャレンジする段階に行ってからにしてください。

「1件目の落札が難しい」とはじめはなるかもしれませんが、そこでＭ＆Ａという手を取らずに4つのタグを使って試行錯誤するからこそ、ステージ2での継続受注の段階で利益を出していくことができるようになるのです。さらには入札のたびにライバル分析をすることで、Ｍ＆Ａのときに必要な会社を見る目も養われていきます。まずは入札をはじめましょう。

おわりに

本書を書いた一番の目的は、「公共工事は簡単だ」と伝えるためです。

公共工事で大きく稼いでいくための情報は、驚くほど世の中にありません。

それもそのはず、公共工事で稼いでいる当の本人たちにとっては、出回ってほしくない情報だからです。

伝えているのは日本で唯一、このわたしだけです。

はじめにでもお伝えしましたが、私が公共工事専門のコンサルタントになったきっかけは、「あるもの」を売るためでした。本書をすべて読んだあなたならば、この「あるもの」が何なのかわかると思います。そうです、契約保証です。

公共工事で受注できる工事額の上限は、この契約保証の枠で決まります。契約保証を1億円しか準備できなかったら、この1億円の枠内でしか工事を同時に受注できないのです。

逆に言えば、この契約保証の枠を広げれば広げるほど、公共工事における成長スピードを加速させることができるのです。売上2億円の会社が、3億円や5億円といった案件に入札していくことで、会社は倍々ゲームで成長していくことになります。リスクを負って建設会社の経営者になったあなたには、このようなダイナミックな成長をぜひ実現してほしいのです。

会社が急成長した先には、銀行や下請会社などとＷｉｎＷｉｎの関係を作っていくステージが待っています。銀行や下請会社が仕事を紹介してくれたり、入社希望の資格者を紹介してくれたり、Ｍ＆Ａ先の情報を教えてくれたりと、経営に協力してくれるようになるのです。

このようなＷｉｎＷｉｎの関係づくりができるようになれば、どんな事業でも成功できるでしょう。それこそが真の経営者だと私は思っています。

私の使命は、公共工事のコンサルティングを通じて、そのような経営者を一人でも多く増やすことだと思っています。

あなたの会社が公共工事で急成長を遂げ、そしてどんな企業ともＷｉｎＷｉｎの関係がつくれる真の経営者になることを祈っています。

最後までお読みいただきありがとうございました。

著者 **水嶋 拓** Taku Mizushima

売上10億円以下の中小建設業へのコンサルタント。２０１１年、保険代理店業を営んでいた際、ある会社をきっかけに、公共工事のコンサルティング事業を始める。これまでにコンサルティングした建設会社は２００社を優に超える。

関わった経営者からは、「2年半で売上が3倍になった」、「1日で23億円の工事を受注した」、「特定建設を取り、会社をもう一つ作った」、「会社を畳もうと思っていたが、その危機から脱却できた」…など評価が高く、大きく売上を伸ばし、事業を安定させた企業を次々に生み出している。

日本でただ一人の「公共工事コンサルティングのパイオニア」として、建設会社の経営者、士業、銀行マン、保険会社、保険代理店などにもノウハウを広める活動も行っており、個別相談にて公共工事の受注拡大の指導を行う傍ら、工事業者専門誌『そら』での連載のほか、「建通新聞」「東洋経済」などのビジネス誌などからの取材歴も多数。

１９７５年生まれ。フロンティアマーケティング株式会社 代表取締役。

小社　エベレスト出版について

「一冊の本から、世の中を変える」――当社は、鋭く専門性に富んだビジネス書を、世に発信するために設立されました。当社が発行する書籍は、非常に粗削りかもしれません。熟成度や完成度で言えばまだまだ低いかもしれません。しかし、

・リーダー層に対して「強いメッセージ性」があるもの
・著者の独自性、著者自身が生み出した特徴があること
・世の中を良く変える、考えや発想、アイデアがあること

を基本方針として掲げて、そこにこだわった出版を目指します。

あくまでも、リーダー層、経営者層にとって響く一冊。その一冊から経営が変わるかもしれない一冊。著者とリーダー層の新しい結び付きのきっかけのために、当社は全力で書籍の発行をいたします。

小さい建設会社でもできる
日本一ハードルの低い公共工事の始め方

定価：本体3、080円（10％税込）

2021年5月19日　初　版　印刷
2024年2月3日　六　刷　発行

著　者　水嶋　拓（みずしまたく）
発行人　神野啓子
発行所　株式会社　エベレスト出版
〒101-0052
東京都千代田区神田小川町1-8-3-3F
TEL　03-5771-8285
FAX　03-6869-9575
http://www.ebpc.jp

発　売　株式会社　星雲社（共同出版社・流通責任出版社）
〒112-0005
東京都文京区水道1-3-30
TEL　03-3868-3275

印　刷　株式会社　精興社　　装　丁　菊池　祐（Lilac）
製　本　株式会社　精興社　　本　文　北越紀州製紙

 ISBN 978-4-434-28316-1